高达模型制作技巧指南

凯伦慕斯力作 模型世界

梁坚华 著

机械工业出版社
CHINA MACHINE PRESS

本书主要介绍制作高达模型用到的工具、油漆种类、涂装技巧、特殊效果涂装等知识。为了不让大家觉得无从下手，本书将制作过程所需的步骤和技法展示出来，并用不同难度等级的范例介绍不同的制作方案和技巧。希望大家能从中获取知识，并运用到自己的模型上。

图书在版编目（CIP）数据

高达模型制作技巧指南/梁坚华著．—北京：机械工业出版社，2018.2（2025.1 重印）

（模型世界）

ISBN 978-7-111-59141-2

Ⅰ．①高…　Ⅱ．①梁…　Ⅲ．①玩具—模型—制作—指南
Ⅳ．①TS958.06-62

中国版本图书馆 CIP 数据核字（2018）第 023418 号

机械工业出版社（北京市百万庄大街 22 号　邮政编码 100037）
策划编辑：杨　源　责任编辑：杨　源
责任校对：秦洪喜　责任印制：单爱军
北京虎彩文化传播有限公司印刷
2025 年 1 月第 1 版第 10 次印刷
215mm×280mm · 10.5 印张 · 2 插页 · 329 千字
标准书号：ISBN 978-7-111-59141-2
定价：108.00 元

凡购本书，如有缺页、倒页、脱页，由本社发行部调换

电话服务	网络服务
服务咨询热线：010-88361066	机 工 官 网：www.cmpbook.com
读者购书热线：010-68326294	机 工 官 博：weibo.com/cmp1952
010-88379203	金 书 网：www.golden-book.com
封底无防伪标均为盗版	教育服务网：www.cmpedu.com

作者介绍

梁坚华（凯伦慕斯 - 虾仔）

广东省中山市人，踏上模型制作之路已有十多年，主要从事高达模型代工，日常除了不断钻研各种模型制作技巧与手法外，还与圈内人分享自身的经验，为高达模型发展尽一份力。座右铭：“在模型的细节中体现生活，从生活中观看世界。”

获得荣誉：(截至 2018.01.01)

2017 年万代 (BANDAI) 高达模型世界杯西南区冠军

2016 年担任万代 (BANDAI) 高达世界杯西南区、华北区评委

2016 年接受中山电视台 –《中山故事》采访

国内首档模型制作真人秀节目《我是大模王》第一季 " 初代大模王 " 之称

2015 年万代 (BANDAI) 高达模型世界杯华南区亚军

2014 年万代 (BANDAI) 高达模型世界杯华南区团体组冠军

2014 年万代 (BANDAI) 高达模型世界杯华南区高级组川口克己特别奖

2013 年万代 (BANDAI) 高达模型世界杯华南区团体组冠军

2012 年万代 (BANDAI) 高达模型世界杯华南区高级组冠军

2012 年万代 (BANDAI) 高达模型世界杯华南区团体组冠军

《模工坊》杂志首届摄影大赛和模型制作大赛金奖

《模工坊》杂志第二届摄影大赛和模型制作大赛银奖

《第 15 届日本我的扎古大赛》入围奖

《第 16 届日本我的扎古大赛》入围奖

78 动漫论坛 DC 杯 GK 大赛奖项

78 动漫论坛恒辉杯科幻模型大赛第二名

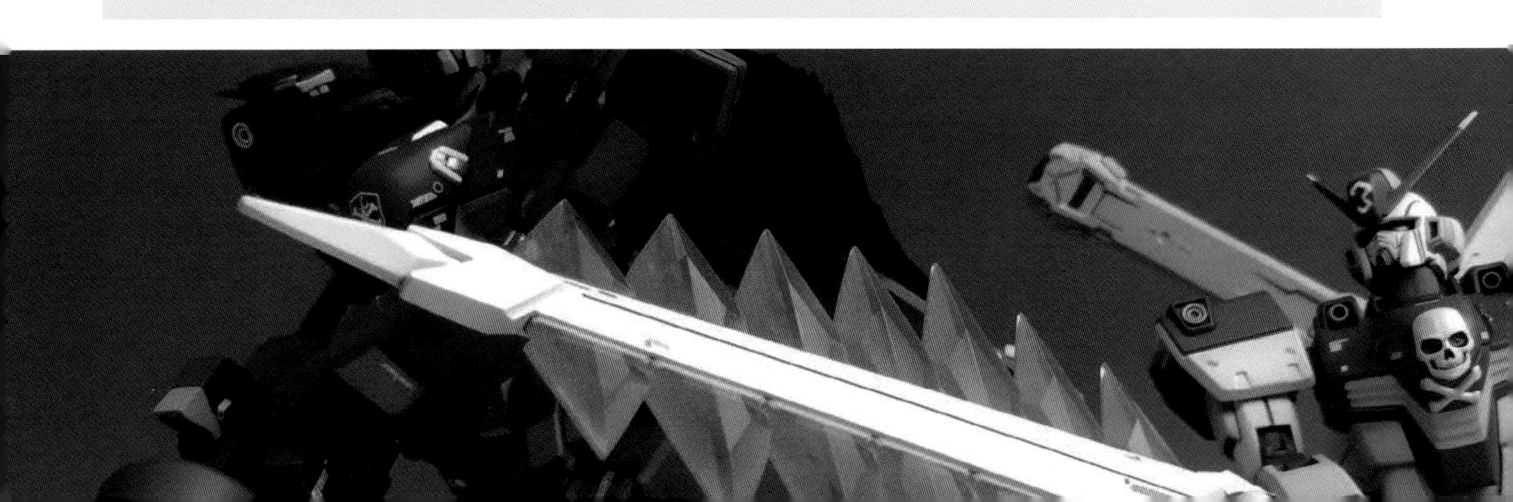

推 荐 语

我们处在一个生活网络化和娱乐多样化的时代，这让我们经常缺乏做事的专注。而认真地做一款模型，则会让你思维集中，心手相通，在纷扰中揽得一片宁静。拼模型很适合修身养性，可如今新人缺乏正确的引导，技巧升级缓慢，容易产生挫折感。这次梁先生（虾神）撰写这本书，在技法上为大家解惑，实在是业界的一大幸事。希望这本书能让更多的玩家爱上模型。

78 动漫创始人——老圣

梁先生（虾神）将全方位模型技能聚于一身，可以算是少见的高手，对他的第一印象就是在模型制作的速度“超级快”！不但快，而且很精致。相信这本书可以提供给初学者完整的入门知识，也能给中级玩家不同的制作思路。这是一本值得推荐的好书！

来自中国台湾的钢弹小王子——密斯特乔

自从爱上模型制作，我就在不断探究未知的领域。我曾经走了不少弯路，所以很清楚新手入门的难度。梁先生（虾神）是我的指路明灯，他精通各个领域的模型制作，这次能够把如此全面的技术知识撰写成指导书，实在很难得，大家绝对不可错过！

2017 万代赛中国冠军 ——佛山天星

前　言

模型其实是与我们的生活息息相关的。我们不难发现，在大大小小的手办、桌面摆件、钥匙扣中，都有立体模型的存在，通过手艺加工创作，能让我们拥有独一无二的精致模型，正所谓在模型细节中体现生活，从生活中观察世界。

我在开始编写这本书时考虑了很多，想着要介绍工具、介绍模型，写成全方位关于制作高达模型的书籍。但经过一番思考，我突然发现，做模型其实是一件很愉快的事情，为什么要讲解那么多扰乱我们制作模型思绪的内容呢？因此我决定写一本专门讲解制作技巧的书籍，用最简单方便的做法做出不一样的高达模型就成了这本书的主旨。

本书的编写过程可以说是痛苦与快乐并存。痛苦是因为我第一次编写书籍没有经验，不知道从何入手；快乐是因为可以把自己所知的制作技法与大家分享。同时也感谢廖俊斌、杨祖杰、刘培源等好友的大力支持，让我在选择题目与内容时思路清晰了不少。

目录

作者介绍

推荐语

前言

第 1 章 基本功的重要性

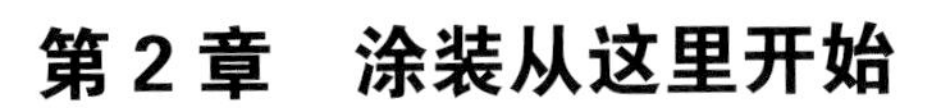

第 2 章 涂装从这里开始

第 3 章 制作技巧的运用

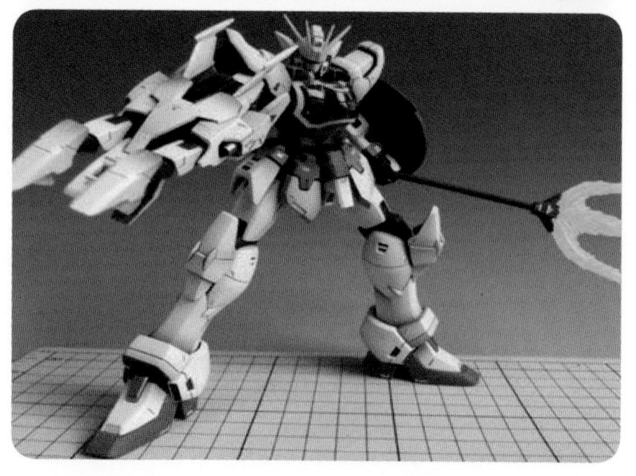

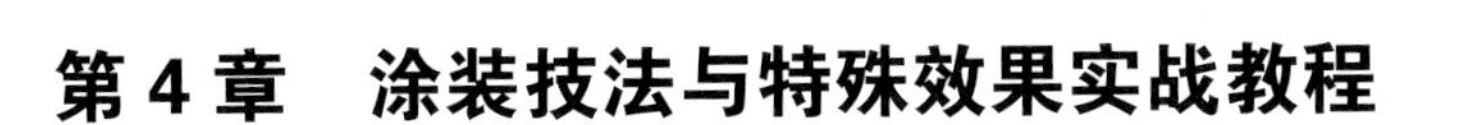

第 4 章 涂装技法与特殊效果实战教程

第 5 章 范例作品展示

10S
10S
10S

第 1 章
基本功的重要性

1.1 零件的剪取

问：零件直接用剪刀剪就可以了吗？

答：开始制作模型的时候，第一件事就是把连接在板件上的零件剪出来，而每一个零件都被注料口稳稳地连接在板件上，如果直接用剪刀剪下零件，就会对零件表面造成伤害或“缺肉”。

问：零件的剪取重要吗？

答：零件的剪取好看与否，会直接影响到模型的美观，而且如果零件剪取得不好，后面制作时可能就要花费很长时间来消除零件注料口范围的瑕疵，这是基础中的基础，不可忽视。

问：零件剪取有什么注意的地方？

答：零件剪取需要注意的地方就是不要伤害到零件本身，这是重中之重。

1.1.1 零件的剪取处理

零件的剪取最好使用专用的模型剪钳。该钳可以轻松伸入狭缝切断注料口（以下称为水口）（如图 1）。

剪取零件时，把模型剪钳刀刃平整的那一面对着零件，预留多一些水口进行剪取（如图 2 和图 3），稍后再处理。千万不要急着“一刀流”，零件被稳稳地固定在板件上，模型剪钳下刀时导致注料口受到挤压，如果过分贴近零件本身剪取，零件就会受到损伤，从而产生白化或者“缺肉”现象。

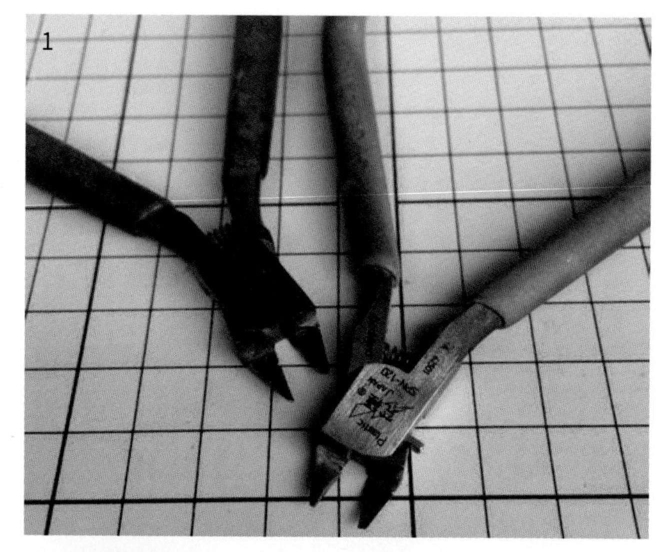
1

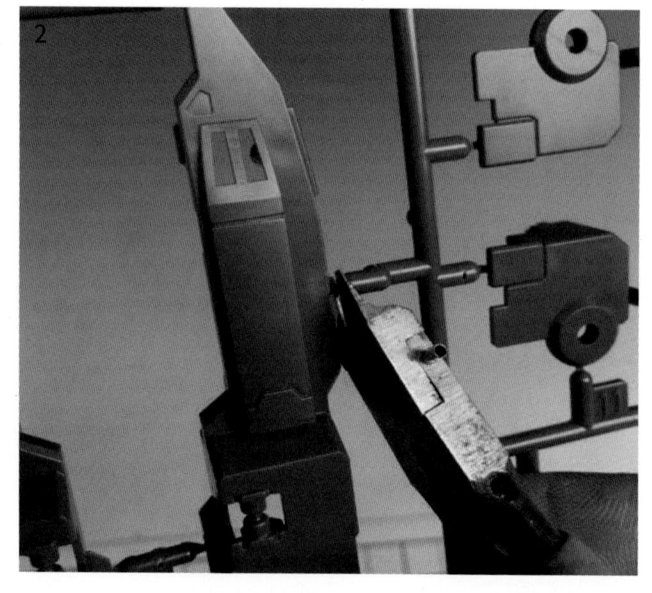
2

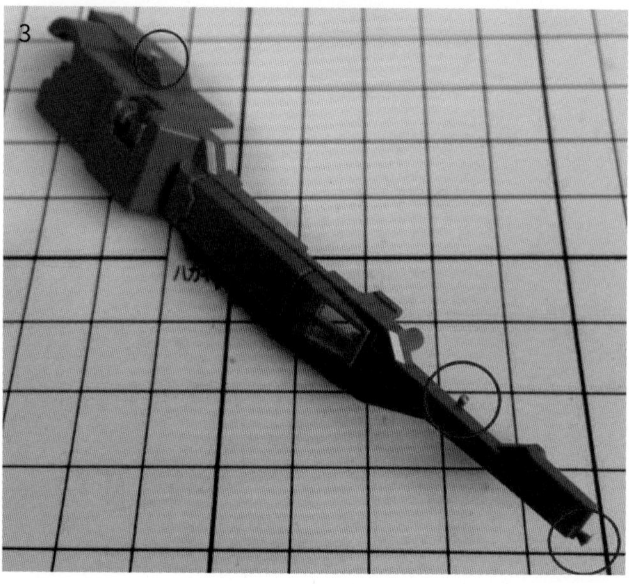
3

当零件剪取下来后，过多的水口部分可以使用剪钳进行二次剪取或者使用笔刀稍微切削掉（如图 4），剩下很少的一点水口就可以通过打磨处理掉（如图 5 和图 6），这样就不怕水口对零件造成伤害，能取得非常良好的零件表面。

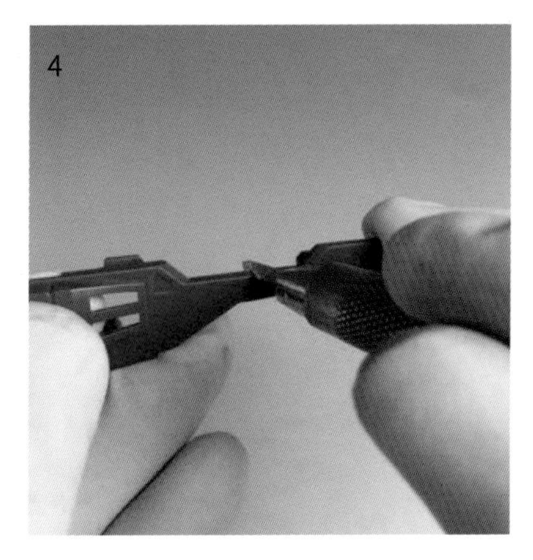
4

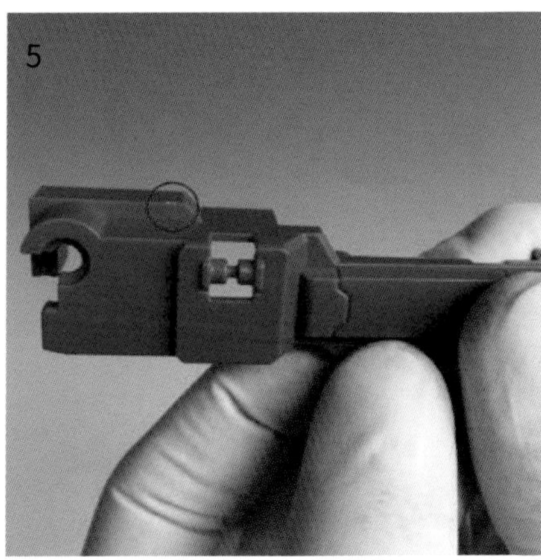
5

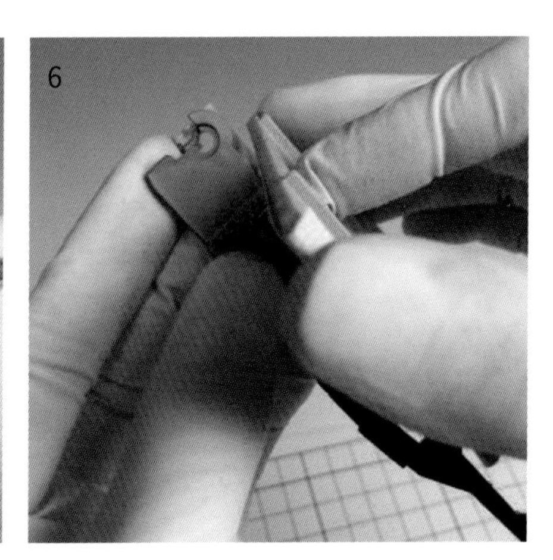
6

1.1.2　隐藏水口的剪取处理

隐藏水口就是注料口被放在零件不明显的位置，像是被隐藏起来那样（如图 7）。

其优点是水口在零件不显眼的地方，素组起来不会让水口变得那么明显，从而提升美观度，但其实隐藏水口在处理的时候需要更加细心，对于左右或者上下组合的零件，隐藏水口处理不好会导致组合时受水口阻碍使组合缝变大。

剪取的时候也稍微保留多一点水口，然后将零件翻过来，把隐藏的水口剪掉，稍做处理，打磨平整（如图 8 和图 9）。

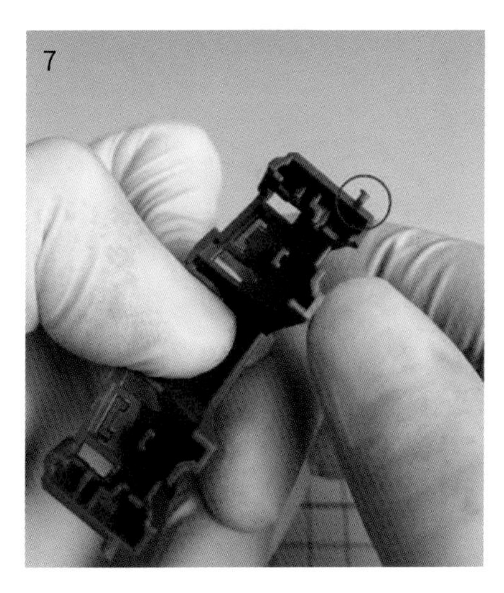
7

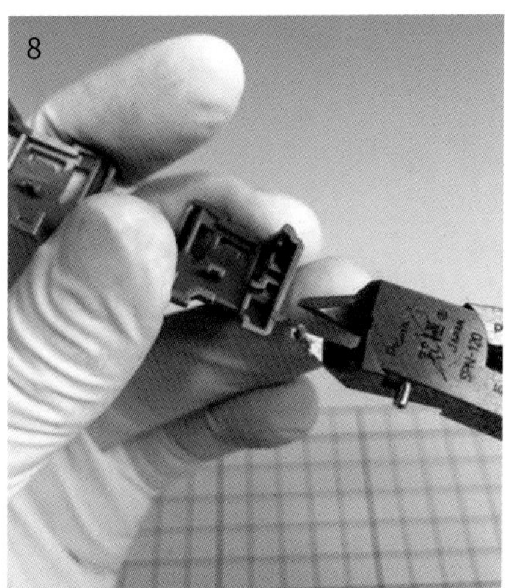
8

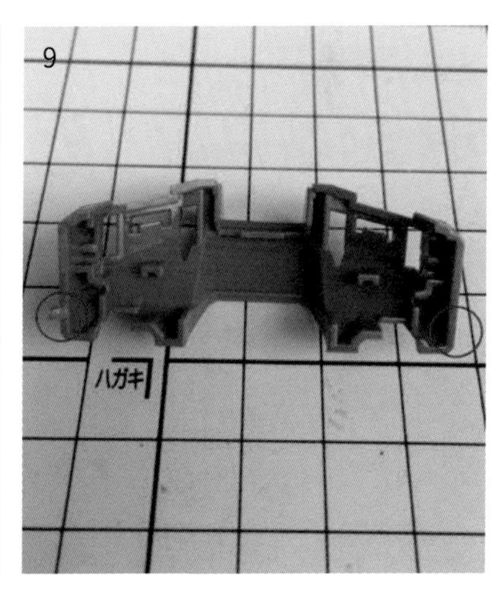

9

1.1.3　透明件的剪取处理

透明件的材质比一般普通板件的材质要硬一些，且由于透明的关系，如果水口位置处理不当，就会导致零件的瑕疵完全暴露，不仅难看，还难以修补。

剪取透明零件的时候，在水口以外的板件处开始剪取，一点点慢慢剪取到只剩一点水口，最后使用比较柔细的砂纸或者锉刀打磨光滑，目的就是为了将剪取时剪钳的挤压伤害降到最低（如图 10 ~ 图 13）。

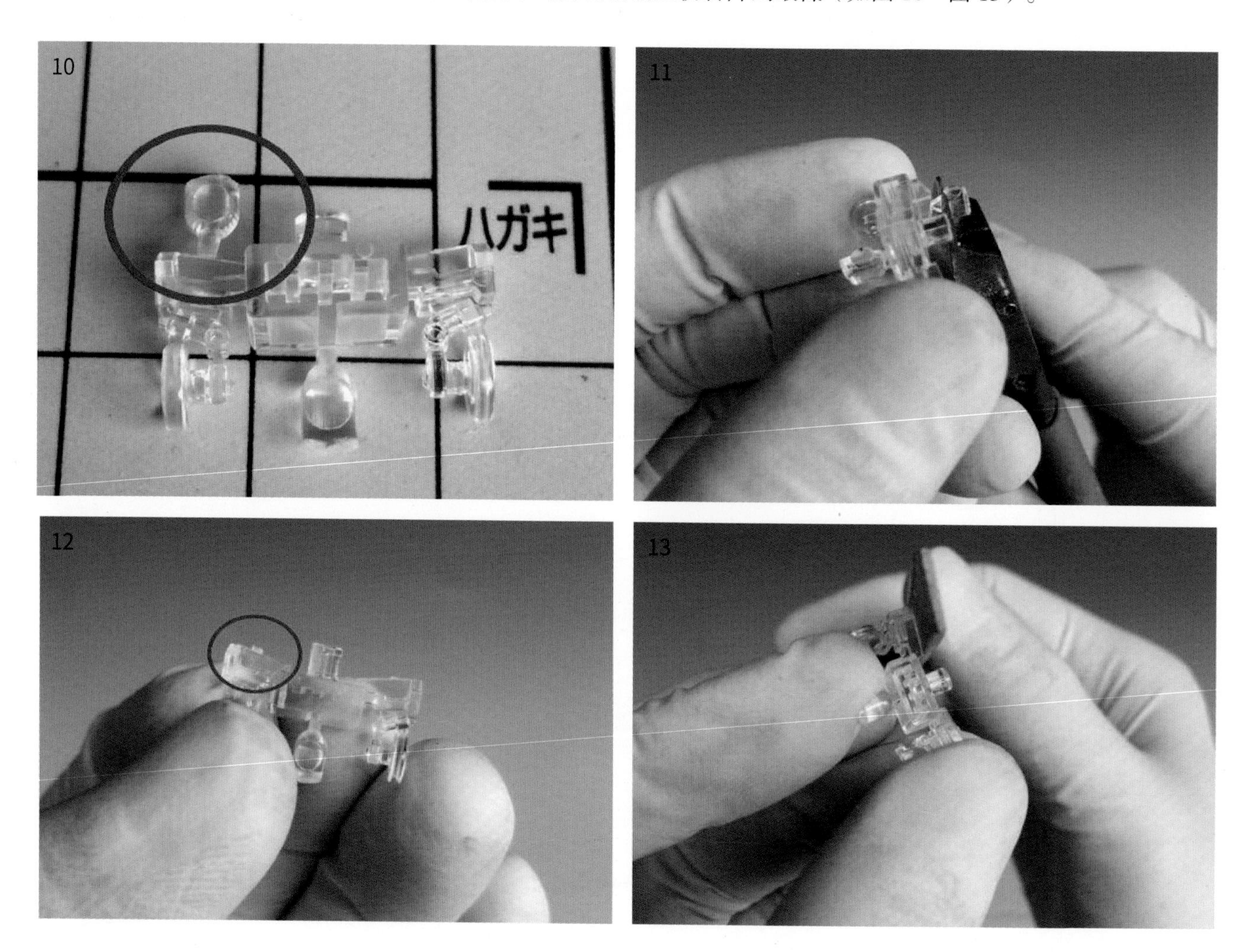

1.1.4　细小零件的剪取处理

在高达模型中，有一部分的零件是相当细小的。如果固定在板件上有 1 个或更多的水口，那么保留一个水口位连着板件进行剪取（如图 14），除了防止零件过小而丢失外，也给喷涂时的喷色夹提供了夹住零件的地方。

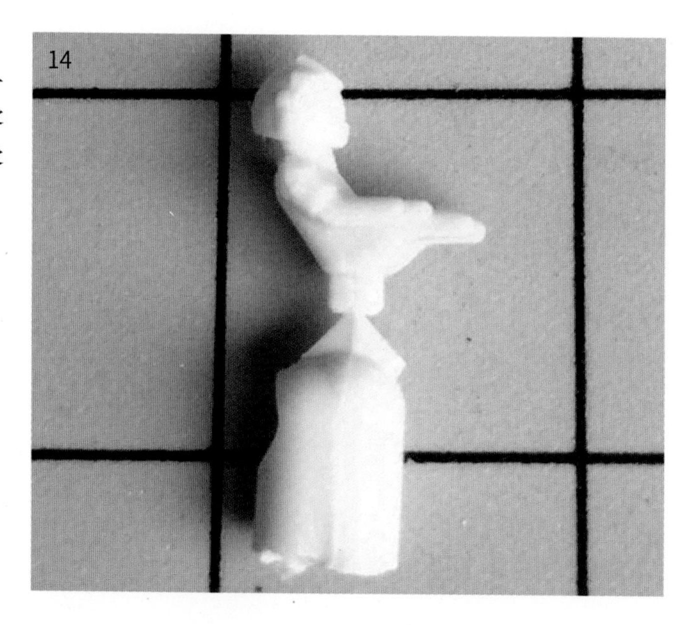

1.2　如何打磨零件

问：为什么要打磨零件？

答：在模型生产出来的板件上会有水口、分模线、缩胶、飞边等瑕疵，而且随着模具使用次数的增加，这些瑕疵会越来越暴露，为了制作出来的模型成品效果得到良好体现，在制作过程中，对零件的打磨就显得非常重要了。

问：除了打磨零件消除这些瑕疵外，还有什么作用？

答：由于模型生产会有相关的法律限制，板件锐利程度就有所下降，可以通过打磨，对零件进行锐化处理，也可以对零件进行 C 面打磨，增加立体感。当然，还有很多方面的制作都离不开打磨零件这一步骤。

在研究打磨之前，先看看通过不同号数的砂纸打磨会有什么样的效果！

以上看到的是（图 15）600 号、（图 16）800 号、（图 17）1000 号、（图 18）1200 号、（图 19）1500 号、（图 20）2000 号砂纸所打磨的零件表面的区别，从图片的效果中显示出来，砂纸号数每相隔一个数，效果就会略显差别，经过 600 号砂纸进行打磨的零件表面看起来非常粗糙，再经过 800 号砂纸打磨的表面，磨痕稍微被消除了一下，但并不是太明显，反而到了 1000 号砂纸打磨过后，区别便来得更加明显了。

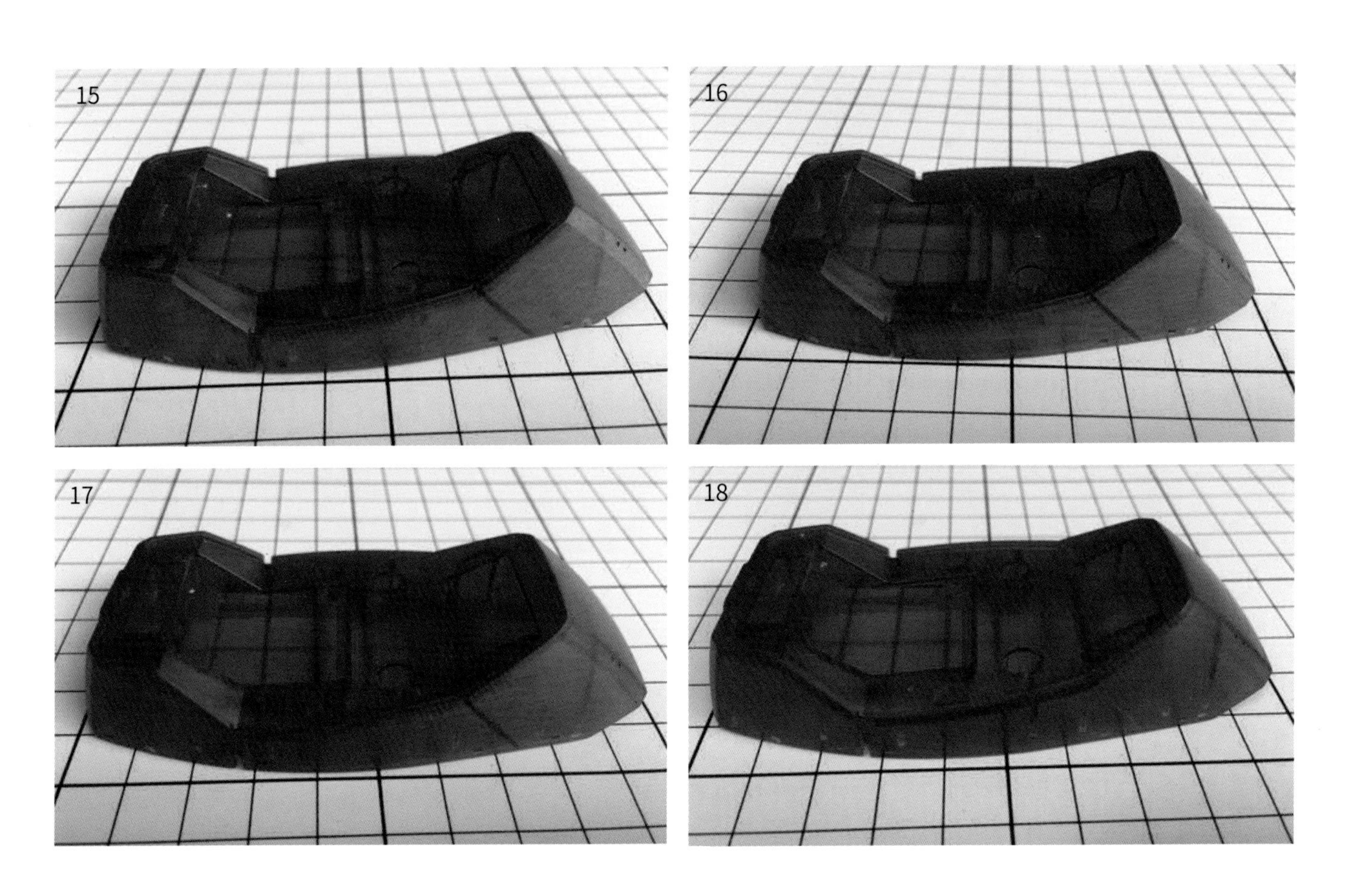

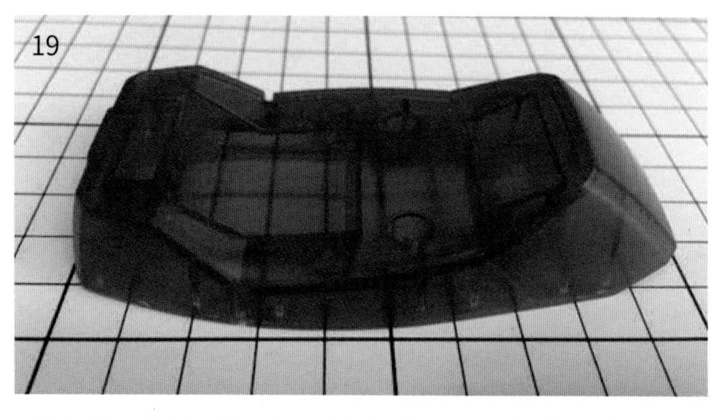

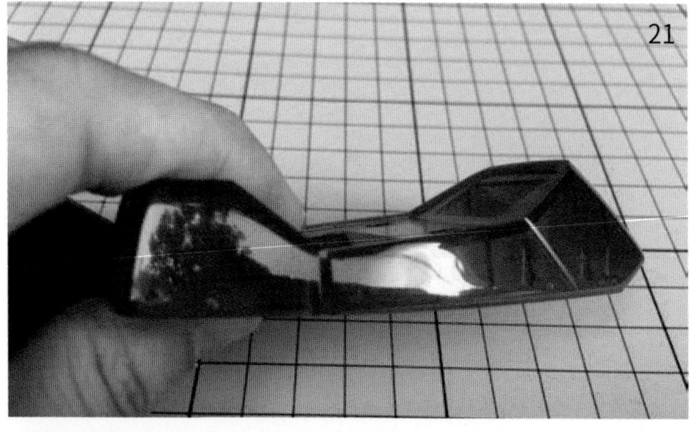

平常在制作的过程中，有很多模友会问，用砂纸打磨过的表面残留的磨痕应该怎样消除？

这里的示范使用了透明的零件，是因为使用2000号砂纸打磨过后的零件再使用抛光膏进行打磨，效果更加妙不可言。算是提前为抛光处理带一下路，让我们看看经过抛光膏打磨过后的效果（图21、图22、图23所示）。

经过打磨的磨痕消失不见了，而且表面的反射清晰度也非常高。经过抛光的零件对未经处理的零件造成了伤害。对于这个抛光处理的实际操作，将放在后面再详细介绍。

回归主题，应该怎样进行打磨处理，不同零件的处理方式又应该怎样进行，如下文所示。

1.2.1 平面的打磨方式

对于平面打磨（如图24、25、26），着重需要掌握的是打磨力度与方向。打磨效果是靠砂纸来达到的，而不是使用蛮力。如果使用蛮力打磨，打磨方向控制得不好，那就有可能导致平面变成斜面，更严重的有可能导致平面的其中一角被磨掉；而且也不建议来回打磨，那样会很容易出现打磨的平面变成中间高两边低的情况。

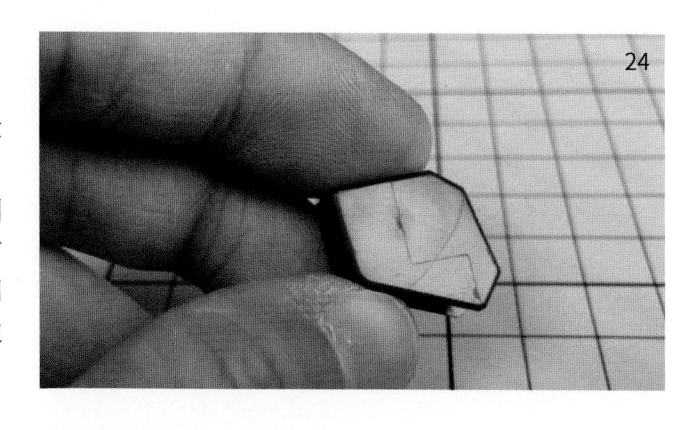

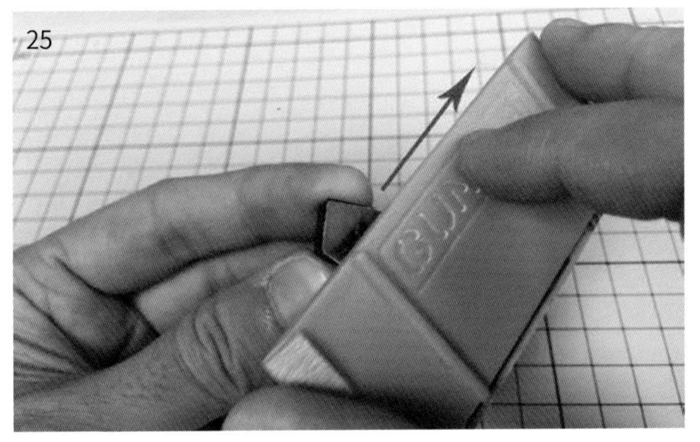
25

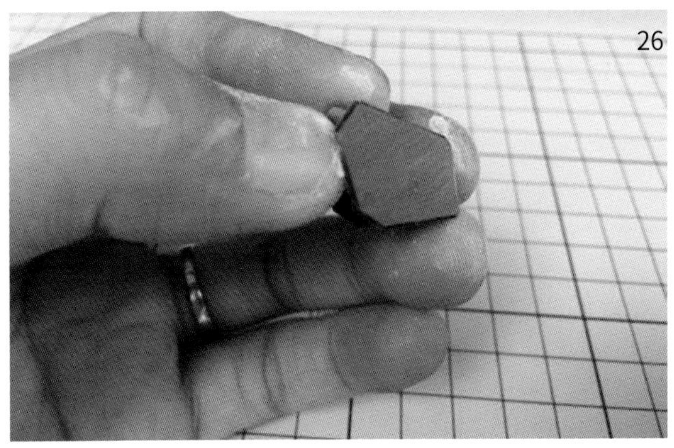
26

打磨平面不蛮力，打磨方向保持一致。

1.2.2　弧面的打磨方式

对于弧面的打磨（图 27、28、29），着重要掌握的是打圈磨法。在这里，平板型的打磨工具就派不上用场了，要保持表面的弧形，那么就不能太强硬，要懂得“温柔”。日常使用中会发现，海绵砂的耐用度其实不是很高，可以利用指压砂纸先进行一轮初步打磨，然后用海绵砂进行全面性处理。

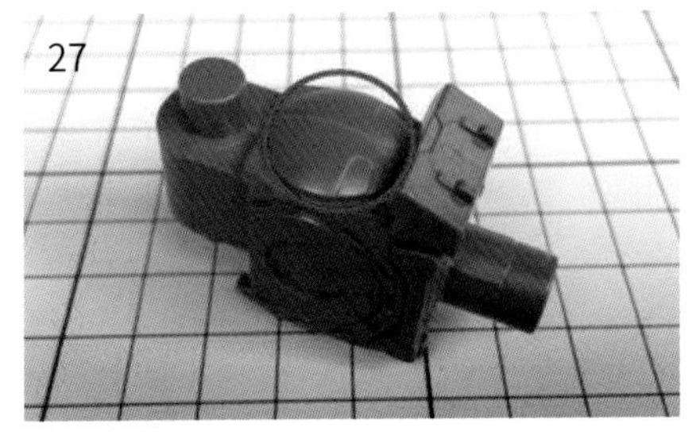
27

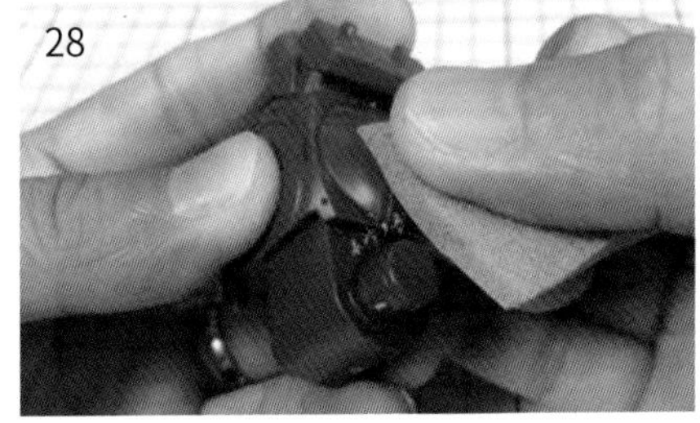
28

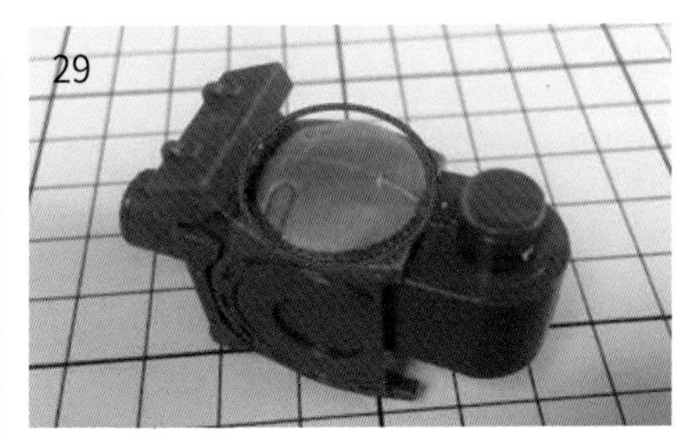
29

1.2.3　多面折角的处理方式

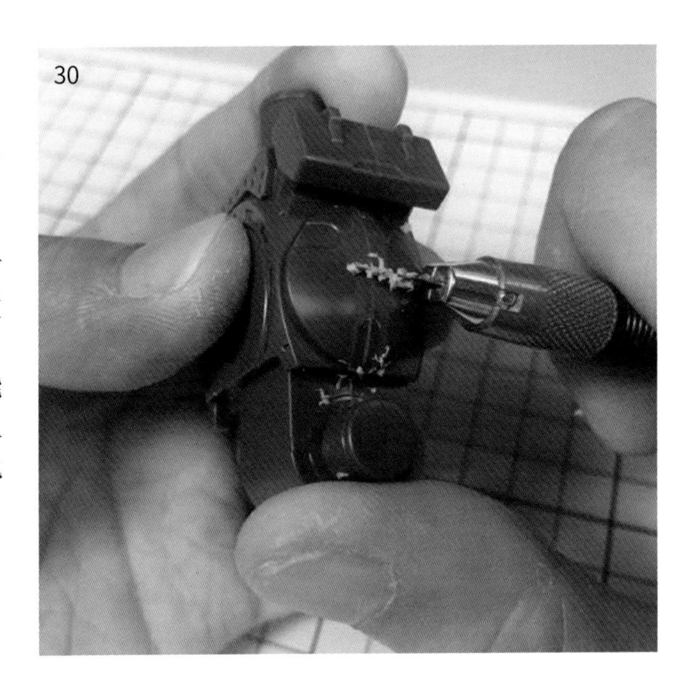
30

除了上面所说到的平面与弧面的打磨方式，还需以下几种方法：

刨刮（图 30）也是一种常用而直接的表面处理方式。专用的工具有市面上的陶瓷刀，当然这里以介绍技巧为主，可以用笔刀替代。刀片呈 45° 对表面进行处理，建议使用刀背，如果是刀刃，遇到表面有坑时，有可能因刀刃锋利而造成零件表面的缺肉情况。刨刮的方向从上往下或者左往右最佳，这两个方向最顺手也最能避免意外。

推刀处理坑位（图 31），平常推刀多数使用在线条刻画或挖坑做细节等方面，但对于零件的暗藏位置或细小位置，推刀的作用也是不能忽视的。至于推刀的使用方式在后面的内容会提到，这里就先不多说了。

对折砂纸进行处理，如（图 32）所示，针对一些不大不小的位置进行处理，但由于砂纸对折后的硬度不是很大，所以在打磨过程中要花点耐心，也要时刻关注砂纸有没有变软，及时更换对折面。

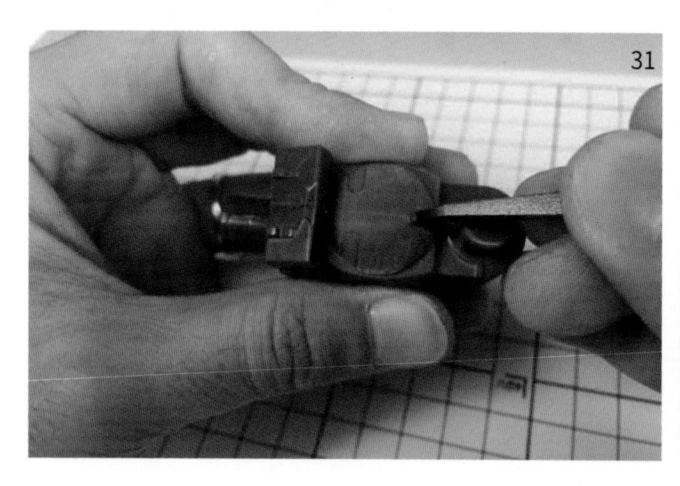
31

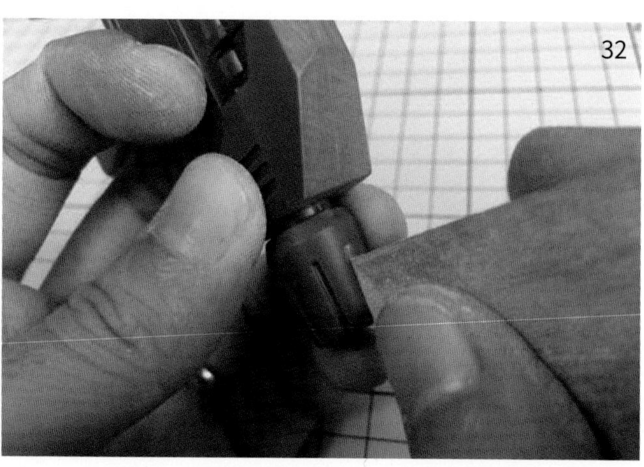
32

（如图 33、34、35）所示，可以在市面上购买尺寸比较小的打磨棒去辅助打磨工作，不过是不是市面上买到的这些工具都能应付各种零件的处理呢？这里再给大家一个建议，使用 1 毫米左右的胶板，然后针对需要处理的零件表面，自行裁剪合适的胶板形状，黏上砂纸去进行打磨处理，这种操作可以让手上的打磨工具变得随心所欲，而且弥补了打磨工具不足的情况。

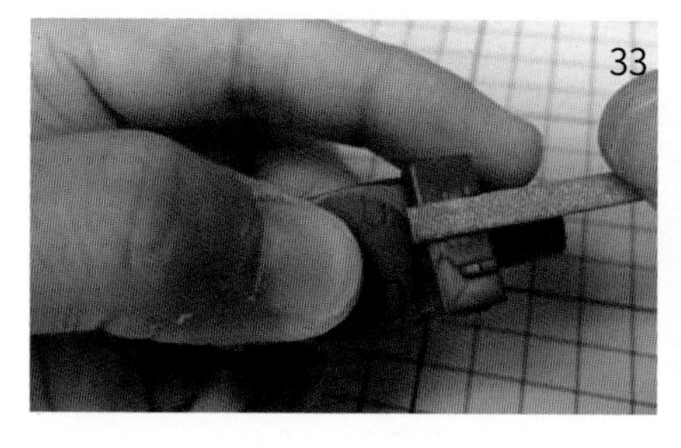
33

34

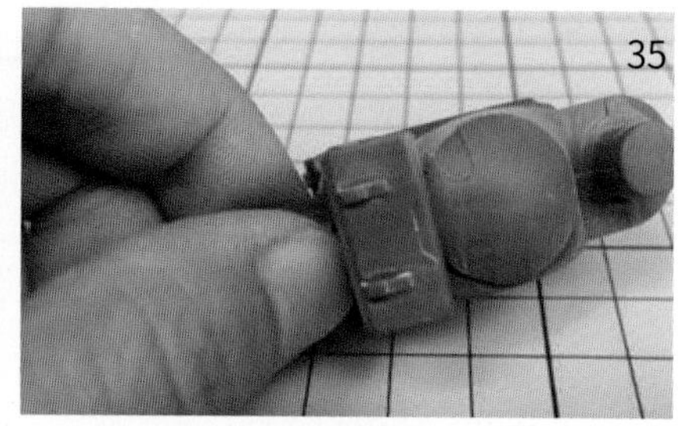
35

1.2.4　C 面的打磨方式

针对 C 面的处理方式，要掌握的就是打磨零件的先后顺序。所谓的 C 面如图 36 所示，在高达模型的制作中经常出现。C 面能让机体的线条感得到充分展示，但很多模友都会觉得这个 C 面处理起来有点费力，对于 C 面的宽窄程度拿捏不准，但只要记住，要想处理 C 面，先处理好 A、B 面，那就变得轻松了，如图 37 所示，当 A、B 面的处理妥当后，C 面的大概轮廓就会显露于眼前，然后只需掌握关于平面的打磨处理方式并去进行处理，就可以了，不妨看一下 C 面经过处理的零件对比，如图 38 所示。

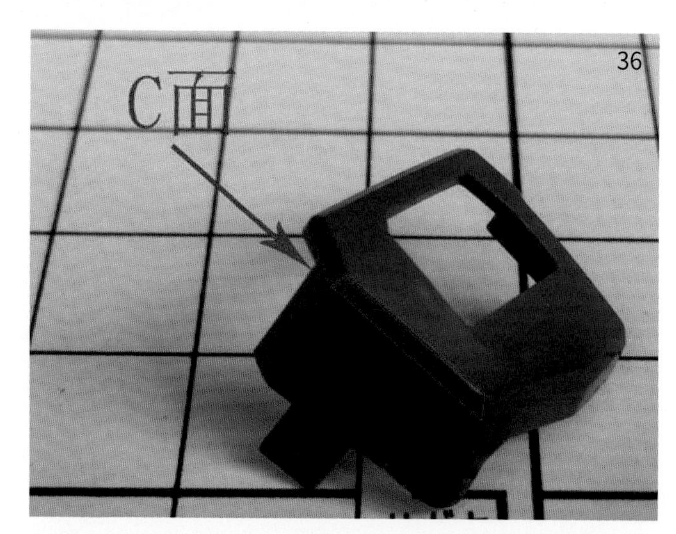

36

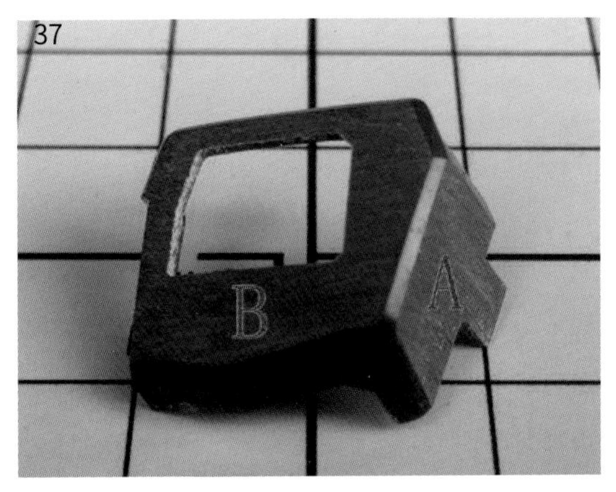

37

38

1.3　刻线的意义与技巧

问：为什么要刻线?

答：在零件表面使用工具雕刻出凹槽或凹线，表现出零件上的细节与线条感，除了让模型更为真实，还能够让原本单调的平面变得更加有趣。

问：刻线需要什么工具?

答：其实刻线所用到的工具有很多，如针、刀、锯等，只要可以刻画出线条的工具都能拿来使用，至于最常用的非刻线刀与刻线针莫属了。

问：刻线有标准依据吗?

答：在模型的制作过程中，由于模具的开发使用，有些模型零件原有的凹线会被弄得模糊不清，如果不给这里原有的凹线进行重新刻画，有可能在涂装过程中，就会把这些凹线给覆盖，所以需要加深刻线；更多模型玩家对线条感的追求与细节的编排有着强烈的欲望，就需要依靠自身对模型的看法增加刻线与凹槽，这种情况因人而异。

先介绍一下刻线对日后制作过程中的渗墨线带来的用处。

未经过刻线的零件在渗墨线的时候，很容易使墨线流动不均或在擦拭的时候将墨线擦走（如图 39），而经过刻线的零件，在渗线的时候能让渗线液均匀流动，且擦拭时能有效避免擦走墨线，以保证线条的锐利度（图 40）。

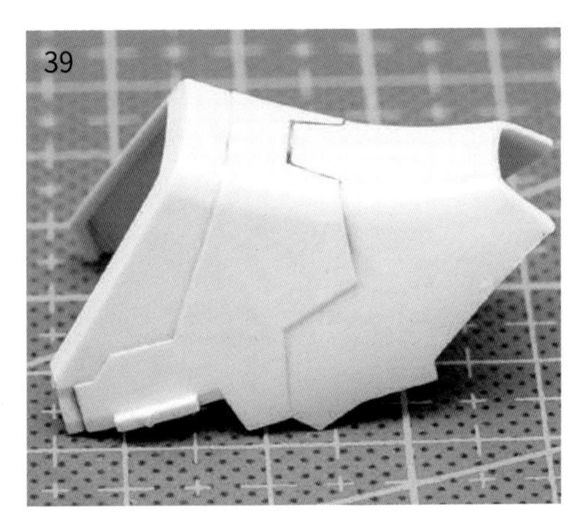
39

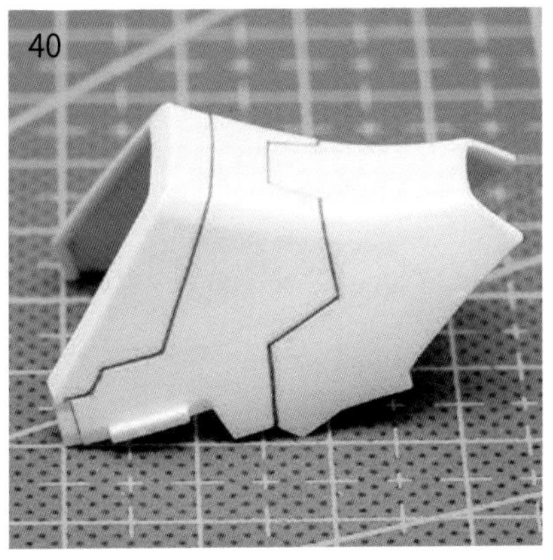
40

1.3.1 刻线工具的对比

刻线的工具种类其实有很多，只要能刻出线条痕迹的，都可以用来进行刻线，包括日常使用的笔刀，翻转使用刀背，也能充当刻线刀，不一定要拘泥于哪一种工具，但专用刻线推刀有不同的尺寸，可以应付不同刻线的需求。

P 刀（鹰嘴刀）主要用于刻较宽、较深的线条，以刮的方式进行，适合在大比例零件上使用，刻出来的线条呈凹字形（如图 41），刻线针使用范围比较广，能向任何方向自由移动，因此用来刻弧线更为胜任，刻出来的线条呈 V 字形（如图 42）。刻线推刀被设计成专门刻线用的，但移动方向始终保持一致，刻直线的效果最佳，0.5 以上的尺寸只要把刀头反过来，可以向前推，充当推刀使用，刻出来的线条呈凹字形（如图 43）。

1.3.2 加深机体原有刻线

加深机体原有的刻线，目的是让素组或者喷涂过的零件线条感得到体现，也给入墨线提供了流畅性。

如果零件进行了无缝处理，先打磨处理的话，有可能导致原有刻线变浅，给加深刻线带来难度，因此优先进行加深刻线为上策。操作的时候由于无缝处理时溢出的胶阻挡了刻线刀的移动，那么使用笔刀把线条先印出痕迹并统一线条的整体性（如图 44），刻线刀下刀时，最好从左到右拉着移动一气呵成（如图 45），最后用对折砂纸打磨处理刻线产生的飞边（如图 46）。

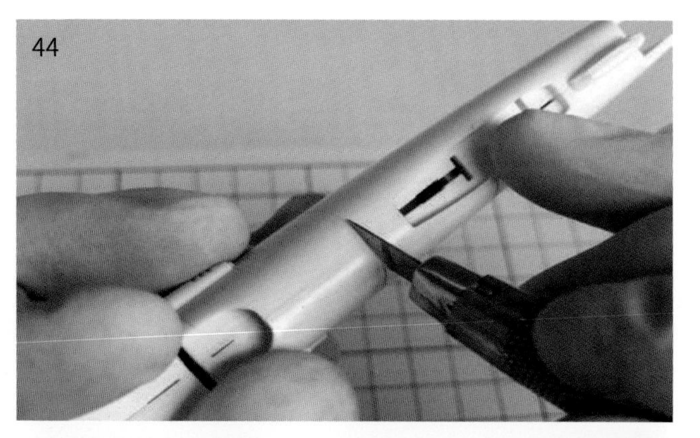

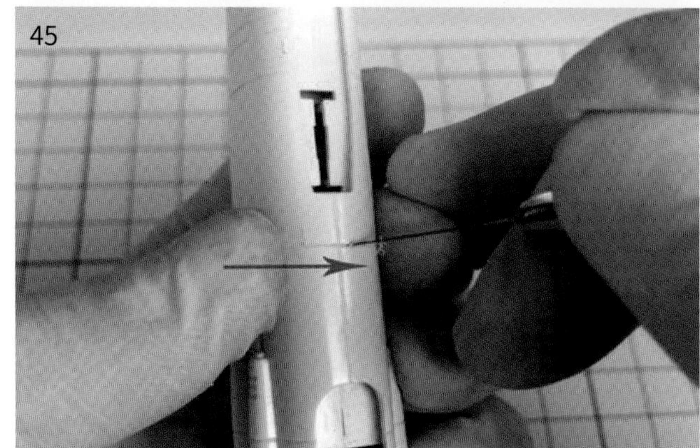

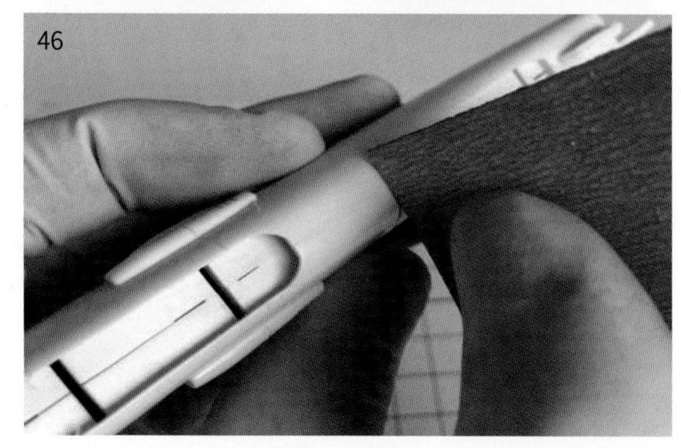

进行刻线时，下刀位置与收刀位置要经过考虑，尽量将收刀位置放在零件以外、高低差顶着的或有其他刻线横穿的地方，这样操作是为了尽可能将错误操作导致刻线出界的情况减少。

举个例子，以图片零件为例（如图 47），在进行加深刻线的位置中间有一条横穿的线条，那么加深刻线的操作就分 2 次保持从左到右进行。从右到左的方向标只是讲解类似这种情况的刻线操作方向，实际操作时把零件反转过来，也是从左到右进行的（如图 48）。

刻线后，除了像前面所说的用对折砂纸进行打磨处理刻线飞边外，还可以利用笔刀尖轻轻刮走。需要注意的是刀片头要用尖角的，不然会导致刻线变粗；也可以利用牙刷把残渣与飞边刷走（如图 49、图 50）。

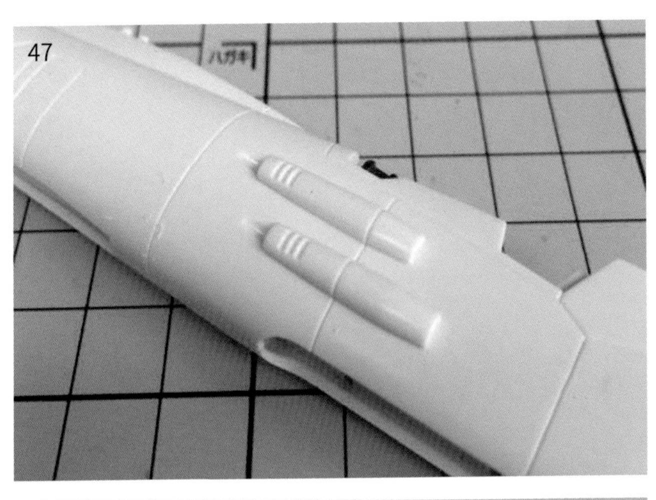
47

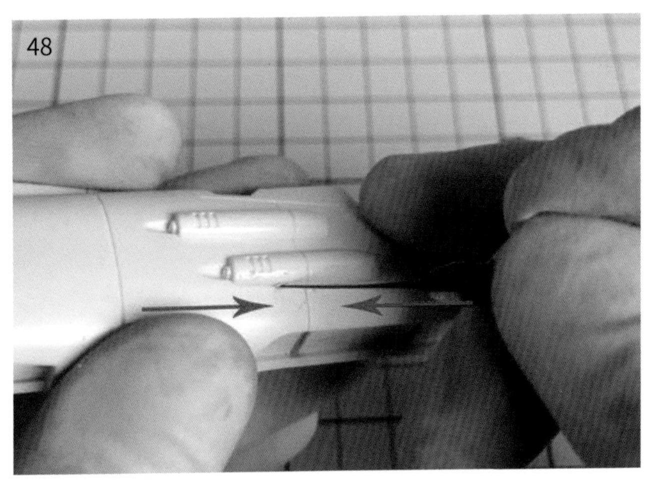
48

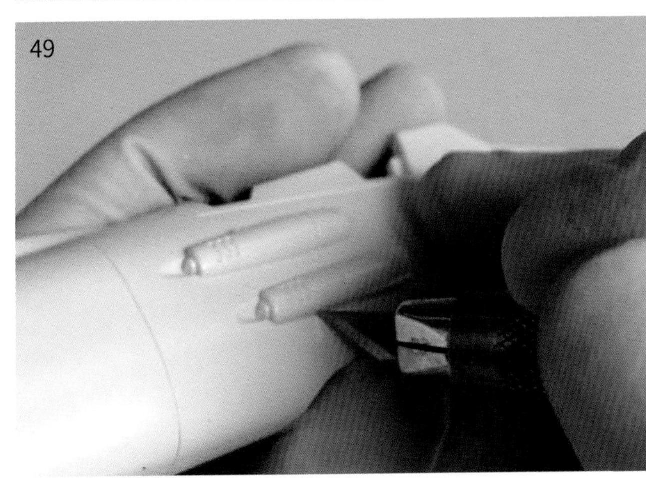
49

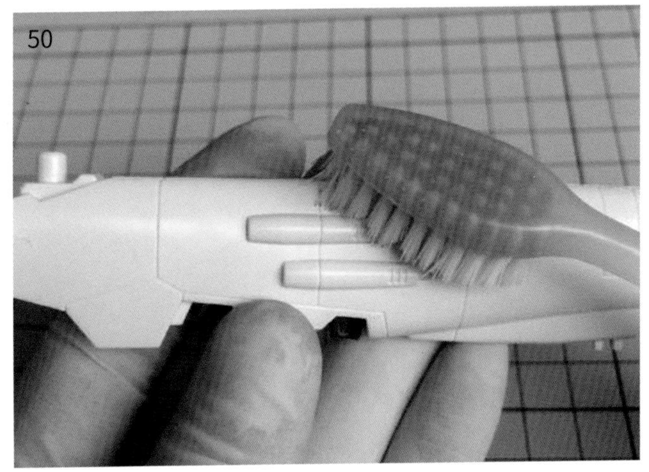
50

1.3.3　增加原本没有的刻线

在高达模型制作中，最常用的就是增加机体原本没有的刻线，从而提高作品的线条感，在进行这一部分的操作时，线稿占绝对重要的地位，线稿不但能看出线条走向的合理性与和谐程度，还可以看出机体左右两边的对称程度，因此，线稿必须画得精准与清晰，为之后刻线做准备（如图 51、图 52）。

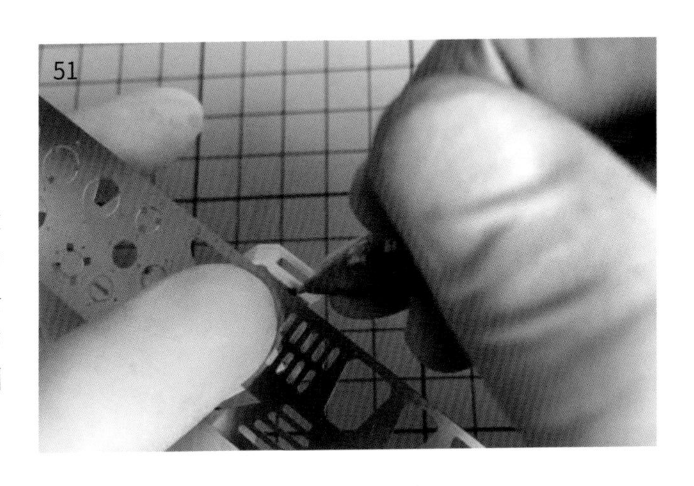
51

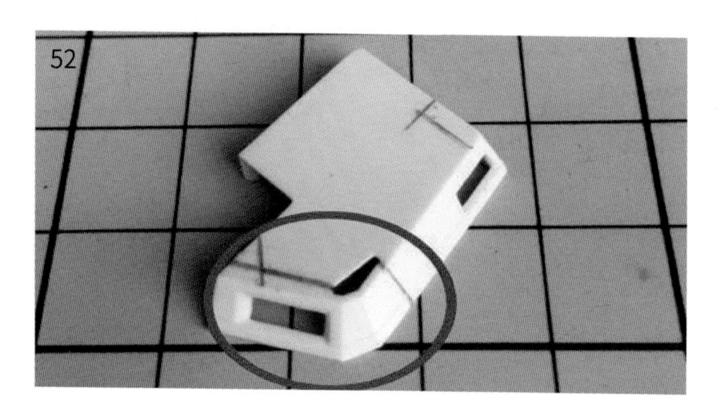

在前面提到过两种刻线运刀方向，这里再补充一个。对于有转角的刻线，可以从线条交叉点开始下刀，向两边运刀操作，这样可有效避免由于操作失误导致刻线偏离两线重叠点（如图 53）。

使用尺寸比较大的刻线刀，可以让线条变宽形成凹槽，但必须固定下刀点的位置，不然凹槽的起点看起来不平整，影响美观（如图 54 和图 55）。零件上有粗细线条进行搭配会让效果看起来有层次感，不妨多使用不同尺寸的刻线刀进行处理。

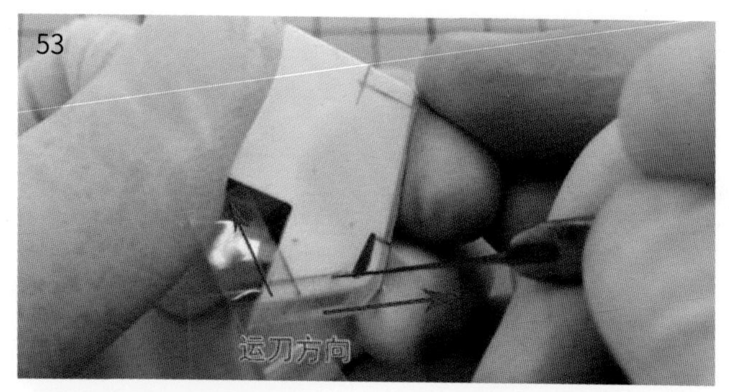

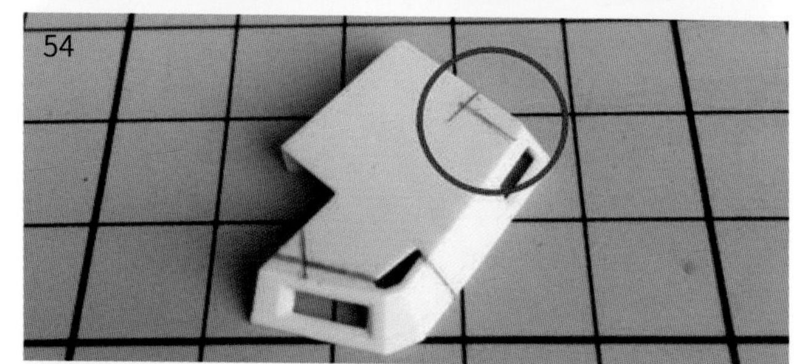

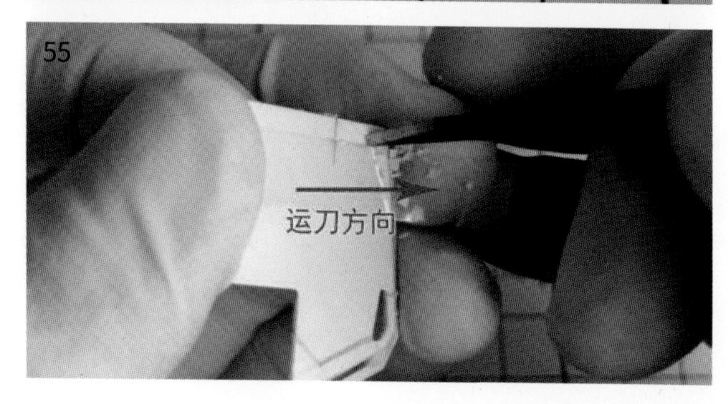

1.3.4 给零件增加凹槽细节

刻线推刀不仅能刻出线条，还可以给零件增加凹槽细节，无论刻大尺寸还是小尺寸的凹槽，一定要保持边角的锐利度。先用笔画出需要增加凹槽的位置，使用硬边胶带围起 3 边（如图 56），剩下的一边依靠推刀的尺寸去定位，不要急着一次成形，要想刻出边角锐利且美观的凹槽，就要从两头分别进行运刀，慢慢加深凹槽深度与确立边角，凹槽的中间位置可以等两头边缘处理完毕后再进行（如图 57、图 58、图 59）。通过增加凹槽细节，零件的细节感会得到一定程度的提升。

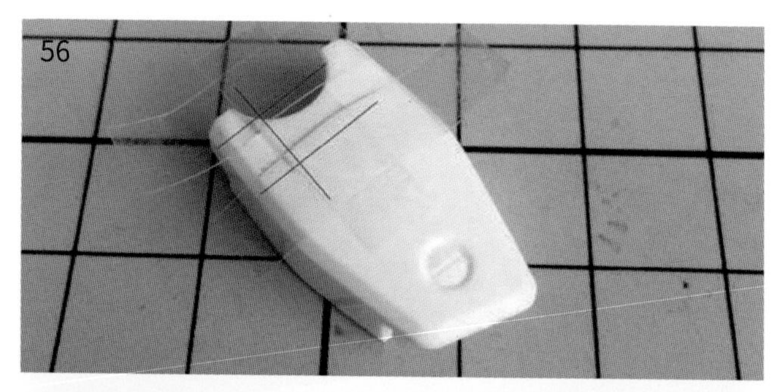

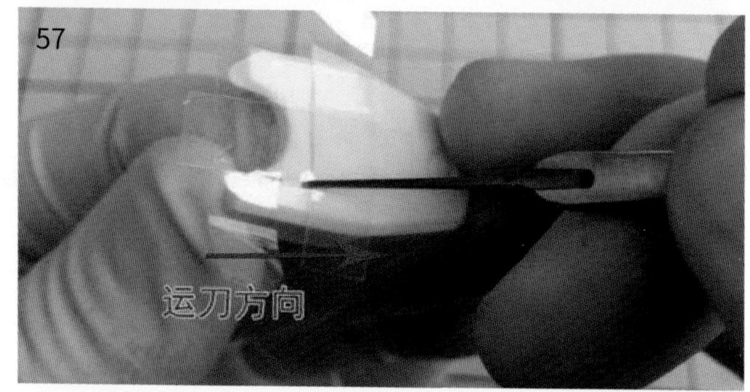

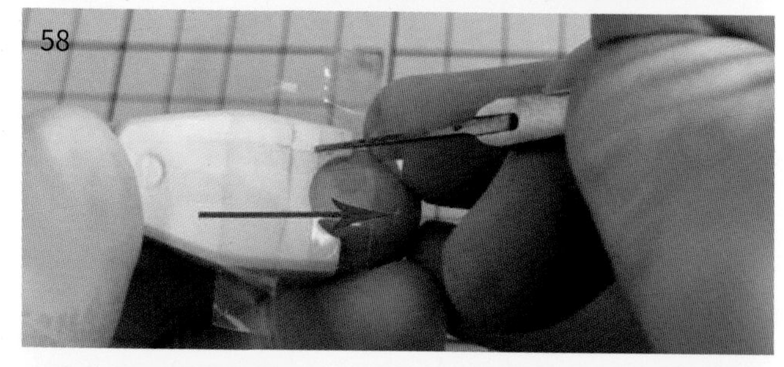

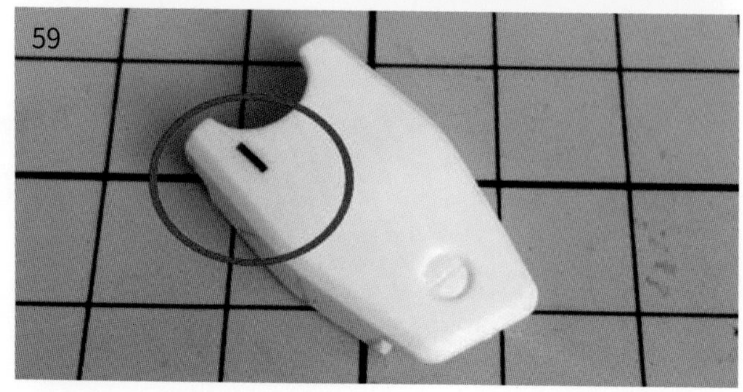

还有一种比较方便增加凹槽的“黑科技”，即通过加热一字螺丝刀在零件上烫出凹槽，而且不同形状的金属材质都可以通过加热，在零件上烫出相应形状的凹槽。

操作时，先在零件上画出定位，烫的时候要对上位置且手要放稳，轻轻按压到零件上。如果按压时金属材质工具变冷不能烫出凹槽，可以重新加热操作，切忌加热后重力按压零件，以防形状扭曲或破坏零件。当金属工具按压在零件上后，不要急于取出，要给工具与零件冷却的时间。当零件冷却硬化后取出工具，对凹槽周围烫出的隆起进行打磨处理（如图 60~ 图 64）。

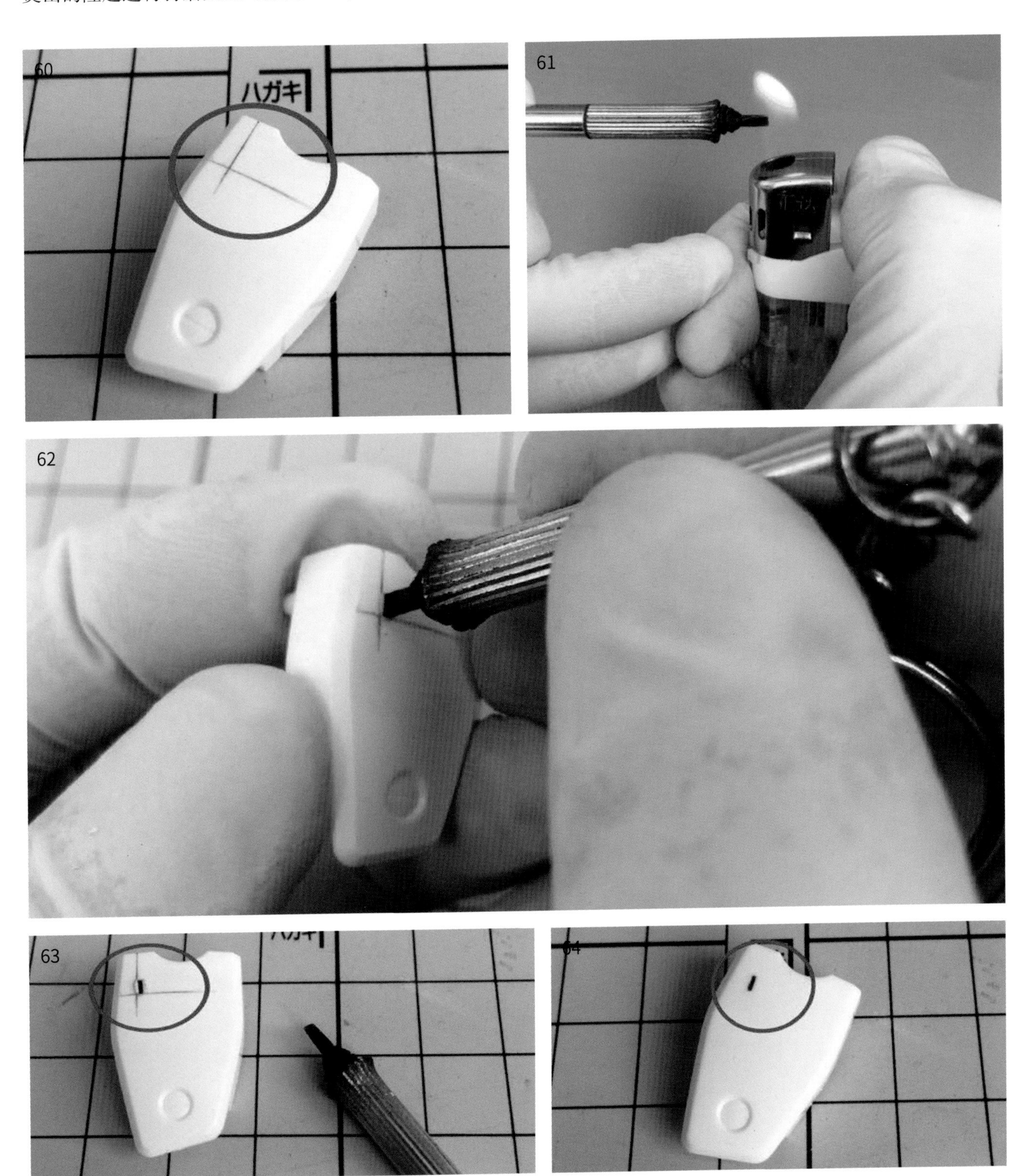

1.3.5 刻出等距平行凹线

有时候想要刻出等距平行的凹线，可以通过工具辅助进行，也可以自制刻线仪，剪取相等厚度的胶板并叠加固定高度，表面使用双面胶或者 502 胶等黏合材料固定刀片，用刀背刻画凹线，这样既有效保证凹线的等距平行，又降低工具成本（如图 65~ 图 68）。

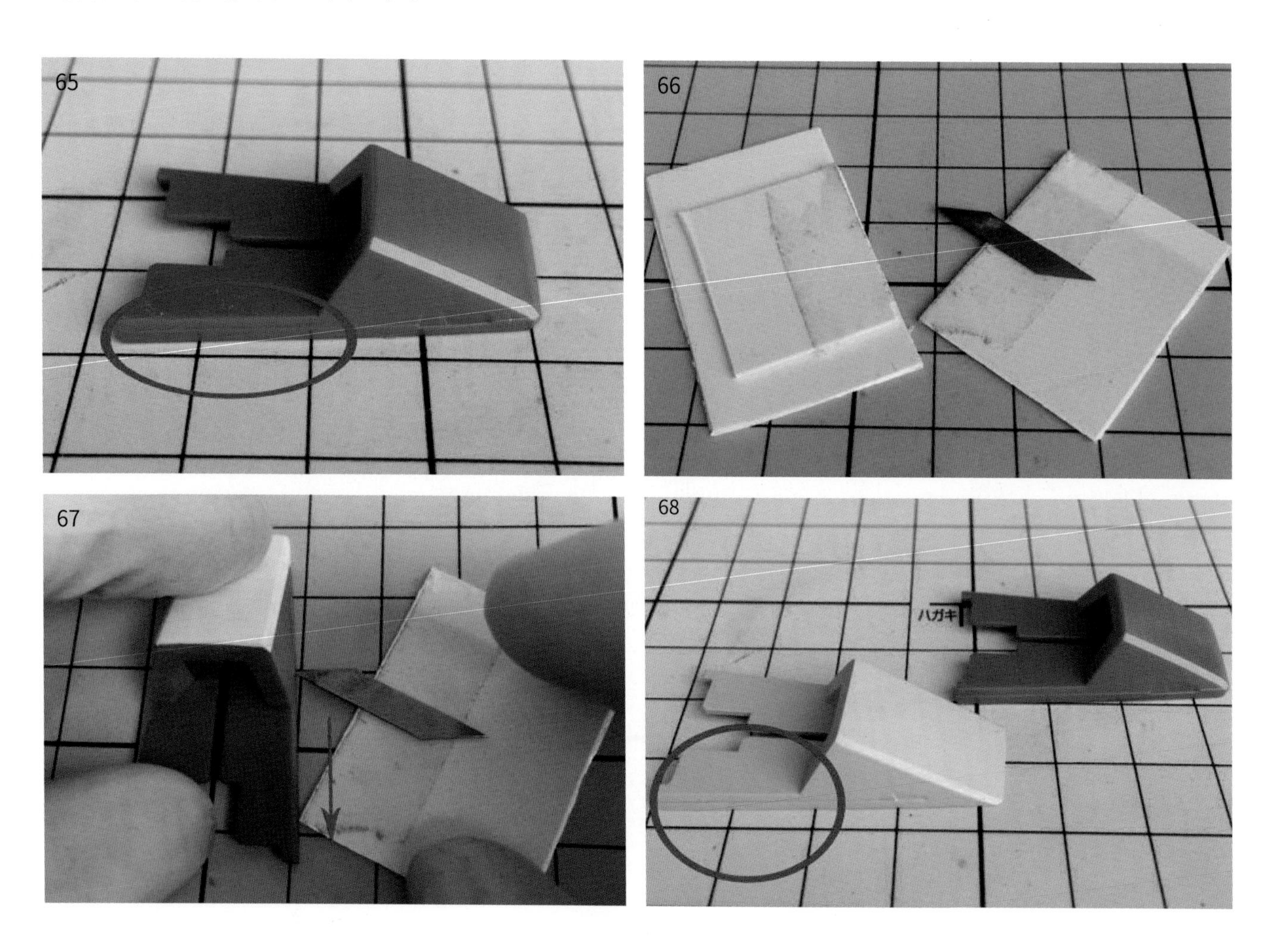

1.4 为何要做无缝处理

问：什么叫无缝？

答：模型生产出来时由于模具设计与零件编排等问题导致机体零件组合后出现的组合缝会影响到模型成品的效果。消除这个组合缝的做法就称为无缝了。

问：怎样做才能消除组合缝呢？

答：消除组合缝一般有两种方法，一种是使用无缝胶水进行黏合后再打磨效果，另一种是将组合缝变成机械缝。

在开始之前，先看一下无缝处理后的零件对比，这样会建立一定的基本认识。

毫无疑问这些碍眼的组合缝消除掉以后，零件看起来一体性更强了，如图 69 和图 70。

1.4.1　胶水处理无缝的方式

1. 流缝胶水的使用方式

如图 71 所示，组合的零件尽量接近，所留缝隙只需要那么一点，流缝胶的流动性才能发挥得越好，如果缝太大，在上胶水的时候就需要很大的量才能把缝隙填满，且导致流缝胶的流动性受限。上好胶水后，按紧组合的零件，胶水就会被挤出来（如图 72），可以观看胶水挤出的情况去判断缝隙有没有完全被黏合。

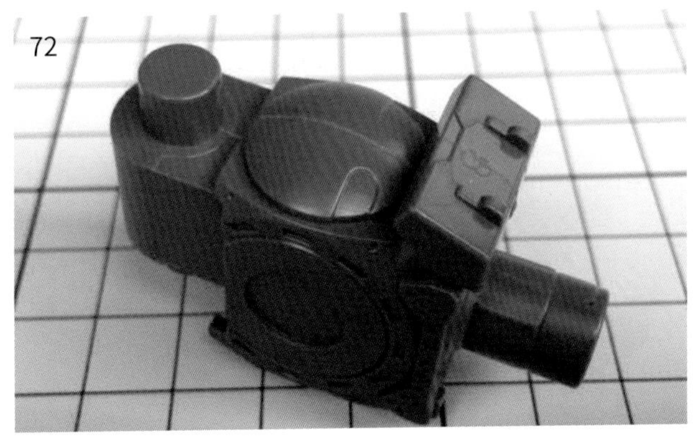

2. 田宫白盖胶水的使用方式

田宫的白盖与橙盖胶水也是可以用来进行无缝处理的，只不过橙盖胶水就多了一个橙味而已。进行无缝处理时，如图 73 所示，将零件的组合面都涂上一层胶水，记得是两边的零件，如果只涂单边零件，可能胶水量不足，导致黏合面不全，残留缝隙。上好胶水后组合零件并按紧，挤出胶水就可以了（如图 74）。

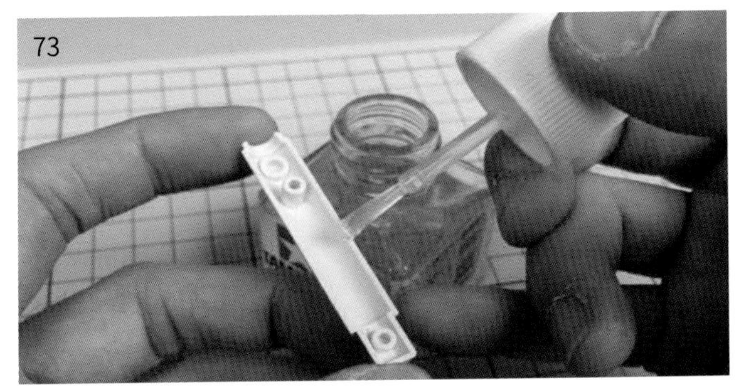

3．502 胶的使用方式

大家可以使用这款 502 胶（如图 75），在组合的零件表面抹上薄薄一层即可，但需要加倍注意的是那个胶水量别太多，点上一点之后可以使用牙签轻轻抚平，量过多了，有可能给后面的打磨步骤带来难度。

这里有两点要特别注意。

（1）无缝处理好胶水后，最好使用文具夹去夹一下零件，以免零件松动。

（2）胶水干透后要进行打磨处理，把挤出来的胶水痕迹清除掉。如果打磨过后发现无缝位置还有明显裂痕或者凹洞等瑕疵，可以使用牙膏补土或者 502 胶在零件表面补一补，补完当然还是要进行打磨处理的。

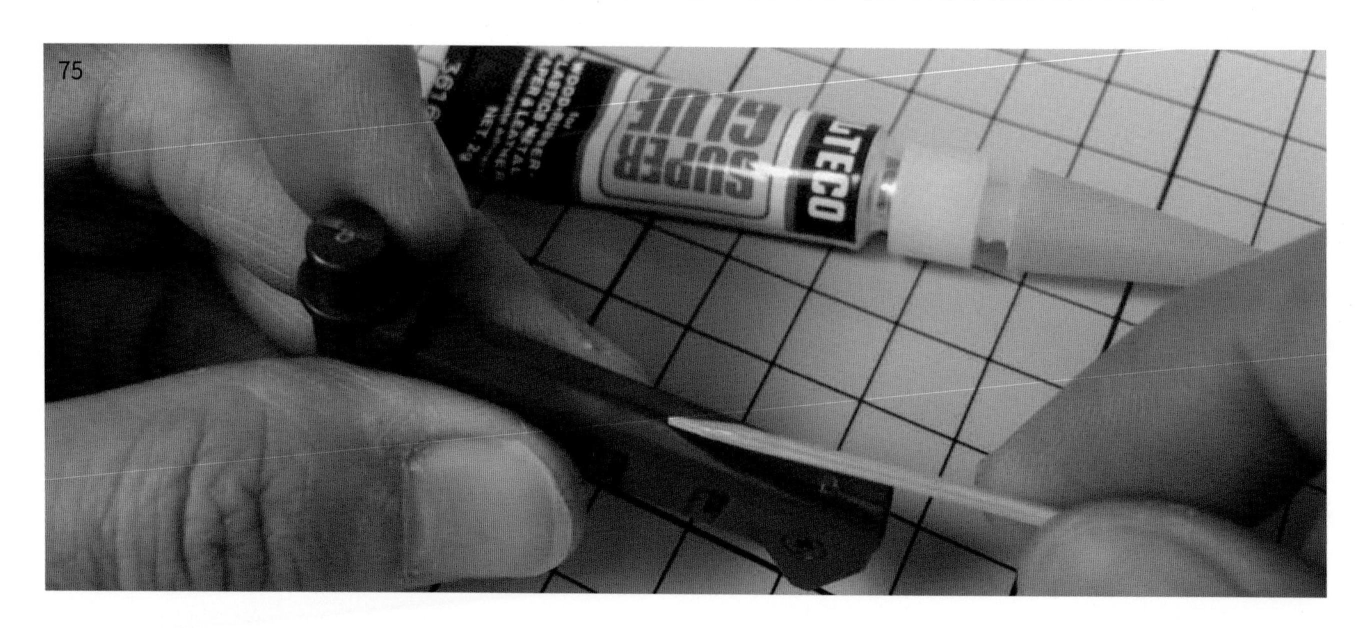

75

1.4.2 无缝处理常见的几种情况

1．直接黏合型

直接黏合型就是需要无缝的零件只要直接上胶黏合就可以的类型。如图 69 和图 70 展示的对比图零件就属于这个类型的，直接涂上胶水并组装按紧，再等胶水干透后打磨平整，就能消除组装缝隙，但要注意，如果零件内部需要安装 PC 件，必须要把 PC 件都先组装好（如图 76 和图 77），不然等上胶黏合后，才发现 PC 件没装的话，补救起来就会非常麻烦。

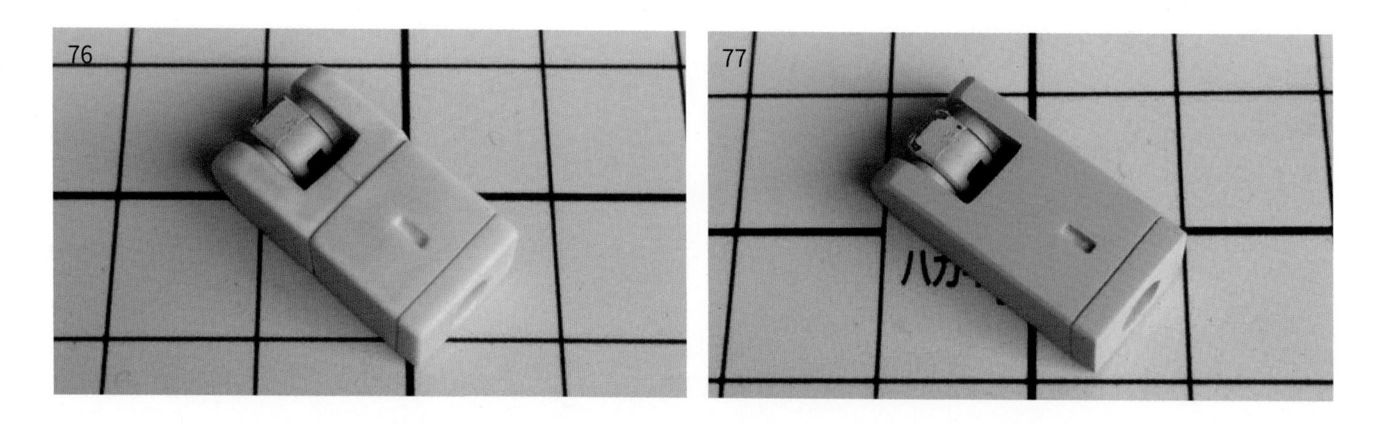
76 77

2．额外零件提前处理型

如图 78 所示，类似这种情况，需要做处理的位置是 A7 与 A10 组合起来的缝，那么将各零件（如图 79）先行假组一下，以确保哪些零件需提前安装，哪些零件可以无缝后再组装。一轮假组过后，得出大概的处理顺序是：H7 零件优先打磨处理，将 PC20 组装上，就可以进行无缝处理了（如图 80）。

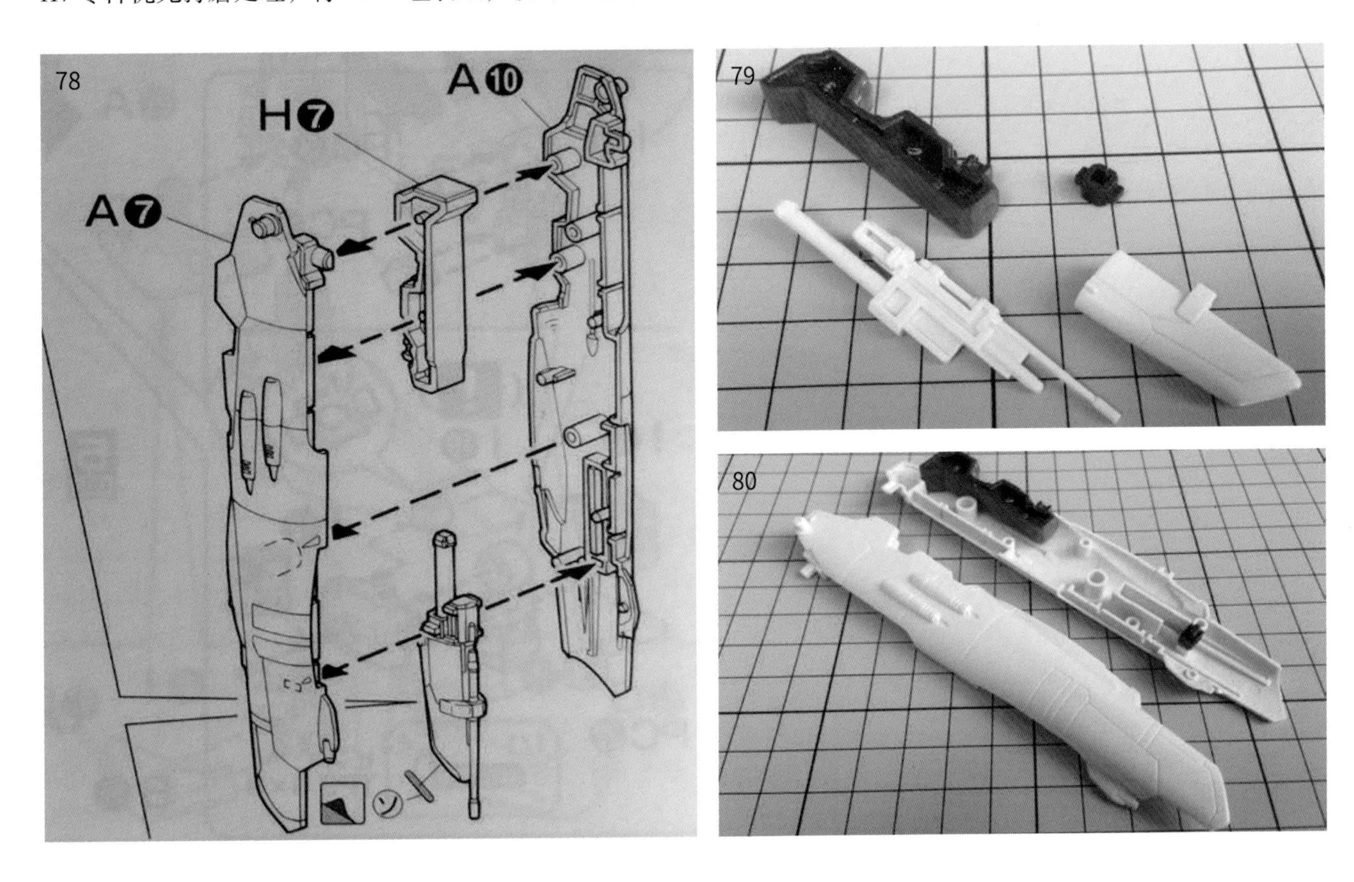

3．需要进行切割零件型

高达的结构和设计有时候比较复杂，为了提高涂装的便利，就需要对卡准或组装的零件进行切割，这种类型的无缝处理方式在高达模型制作过程中还是比较常见的，当然这里不能一一为大家展示出来，只能以 2 种大致情况进行描述。

切卡准，如图 81 所示，圆圈圈出的卡准位会阻碍经过无缝处理的 C12 和 C13 零件，那么经过对卡准的切除（如图 82），以保证组装顺利（如图 83 和图 84），如果有松动情况，只需在零件上点胶水即可。反正组装后也不会拆。

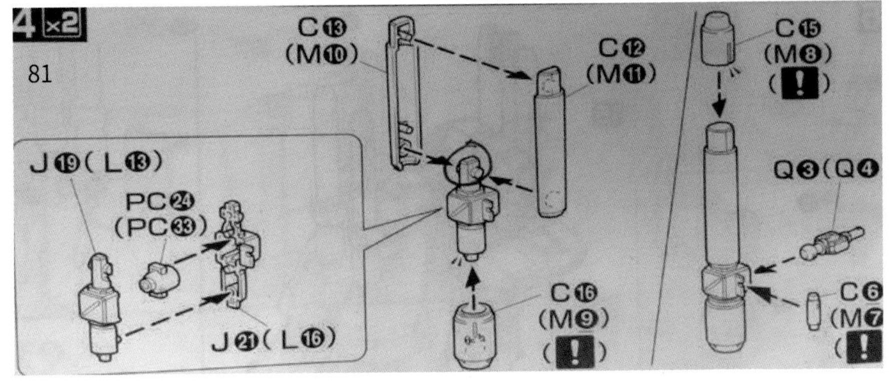

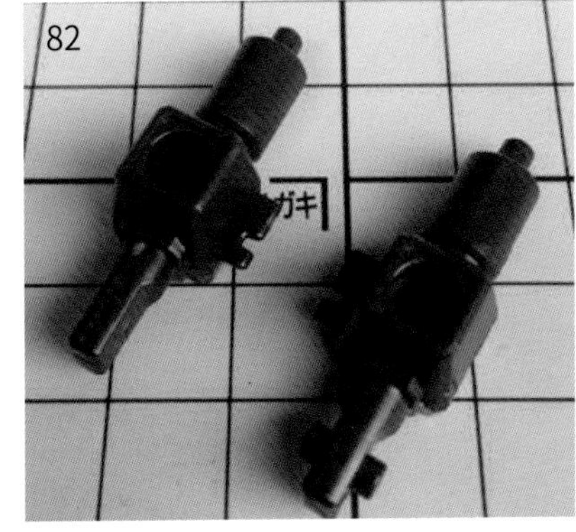

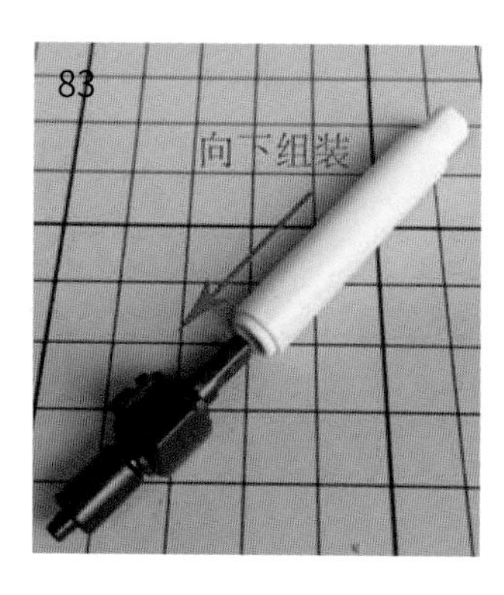

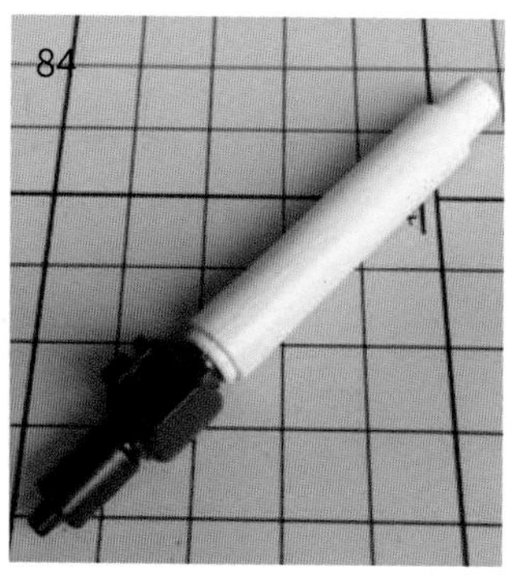

切割零件，高达模型零件有时候会遇到组装相连的零件，这种不能在无缝处理过后正常组装的零件就需要进行切割，俗称“八字切”（如图 85），以便涂装后顺利组装。

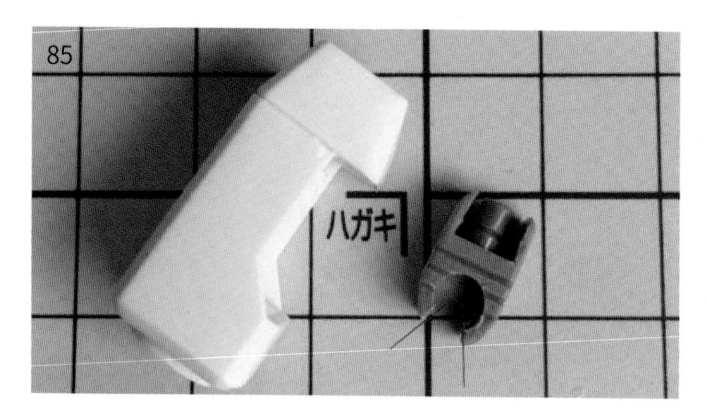

4．制作机械缝型

在模型制作过程中，部分零件在组合过程中给予无缝处理很大的难度，那么可以适当配合零件细节的设计将组合缝制作成机械缝。

如图 86 所示，这部位的零件在组装大量关节与细节零件后，如果直接按照之前所说的无缝处理来进行，后期涂装步骤的难度就会大大增加，如果选择制作机械缝，那么在制作与涂装的过程中就简易了不少，而且还给该部位零件增加了细节。

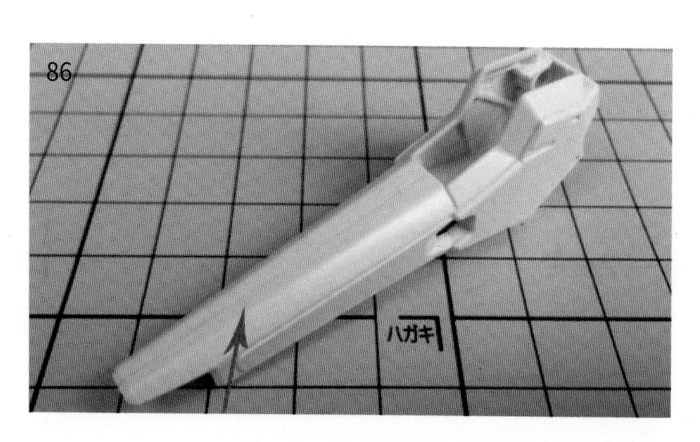

操作方法是先将组装的 2 面零件用笔刀以 45° 进行刨刮产生落差（如图 87），随后组合零件，使用 0.5 以上的刻线刀平衡线条（如图 88），最后进行打磨处理即可。这里可以顺便说一下，凸型刀是专门针对机械缝制作的，但配备的尺寸有所限制，一把刀头只有 2 种尺寸，想要做不同大小的机械缝就需要多备几个刀头了，综合来说，用机械缝来掩盖组合缝无疑是一种不错的无缝效果处理方法，操作简易且不影响零件组装，制作后的效果也是不错的（如图 89）。

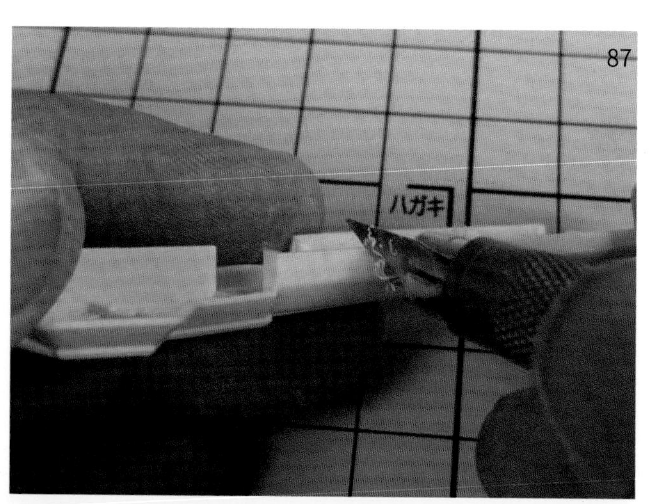

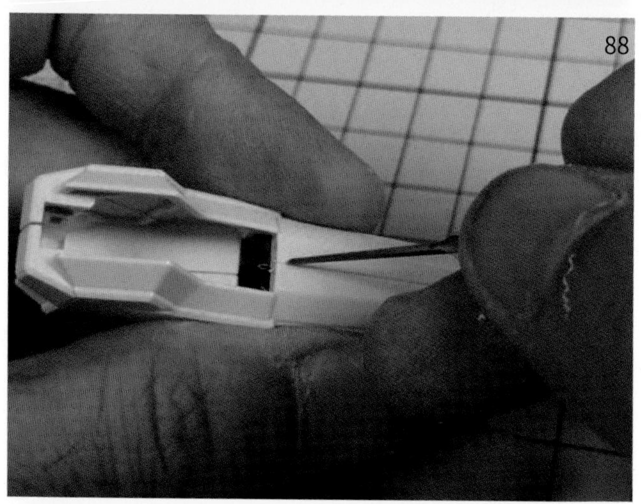

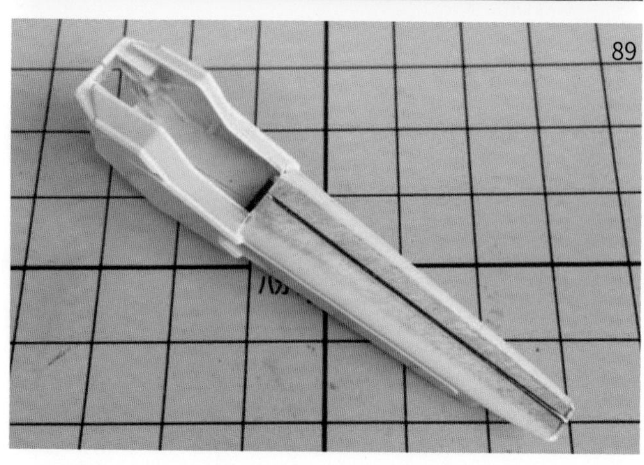

5．层层递进型

在制作过程中，还会遇到有些零件的无缝顺序，一次性无缝处理后，可能导致接下来的打磨处理带来麻烦与难度（如图 90），这时就要先做好第一层零件的无缝（如图 91），打磨处理过后再进行第二层的无缝处理，最后通过活动零件依次涂装就可以了。

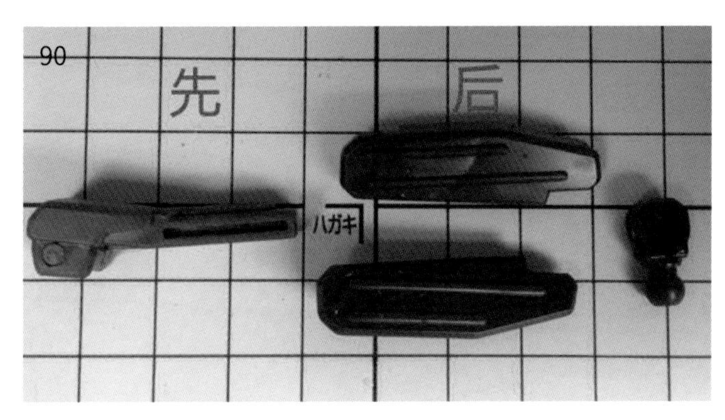

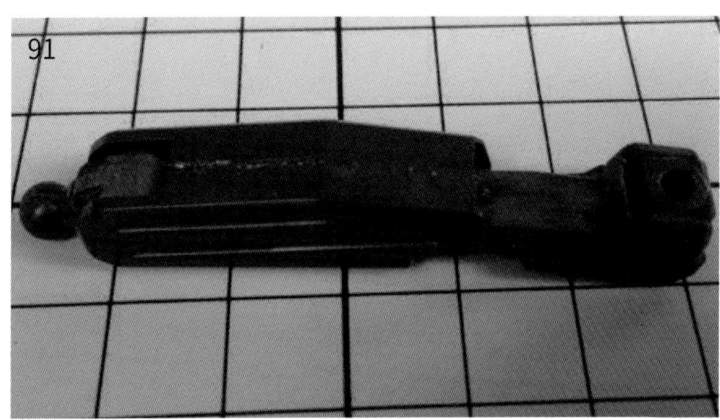

1.5　如何填补零件与偷胶

问：为什么要填补零件？

答：由于零件设计造成零件组合缝过大，不能通过直接黏合而被消除的缝；又或者造成零件被掏空的偷胶位，都要进行填补才能补全。

1.5.1　填补树脂件气泡

树脂件出现气泡的频率很多，有些是在零件上直接出现一个大洞， 有些则只有一层非常薄的膜支撑着零件表面，轻轻触碰都会导致破裂，修正就成了必修课了（如图 92）。

气泡的大小可以说是随机的，大的气泡，把薄薄的膜弄破；小的气泡由于空气压力问题不能直接将材料填入洞内，就需要用手钻将气泡弄大再进行填补（如图 93）。最快捷简便的做法就是将 502 胶与爽身粉混合成糊状（以下称：五爽大法）进行填补，优点是剂量可随意操作且干燥时间短，硬度强，易打磨（如图 94~ 图 97）。

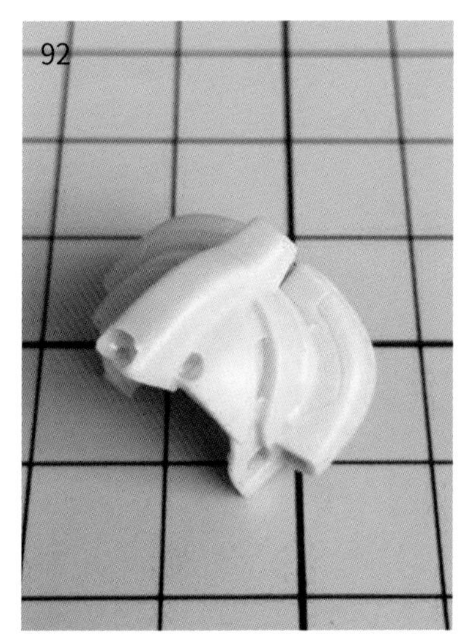

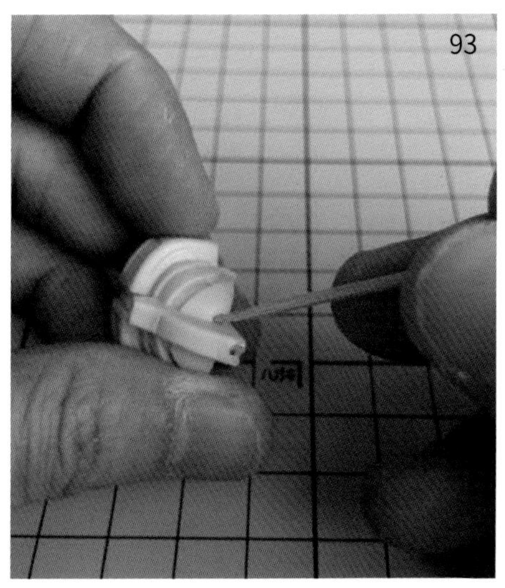

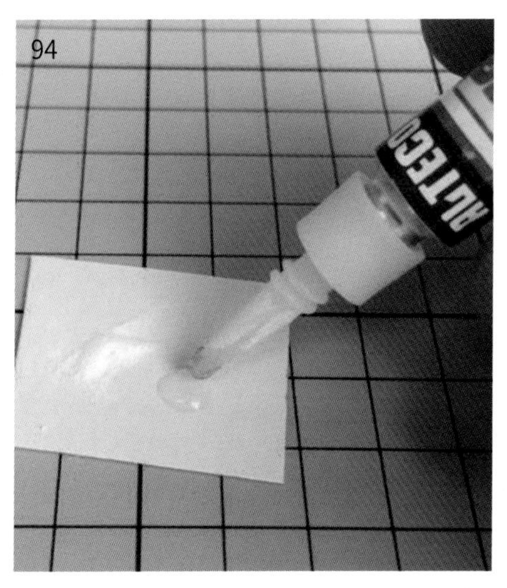

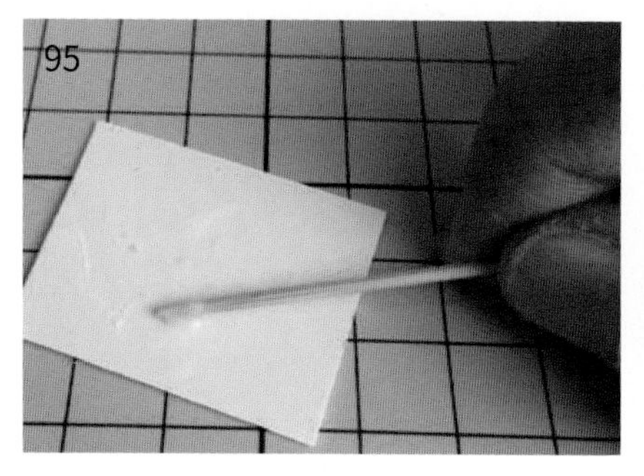
95

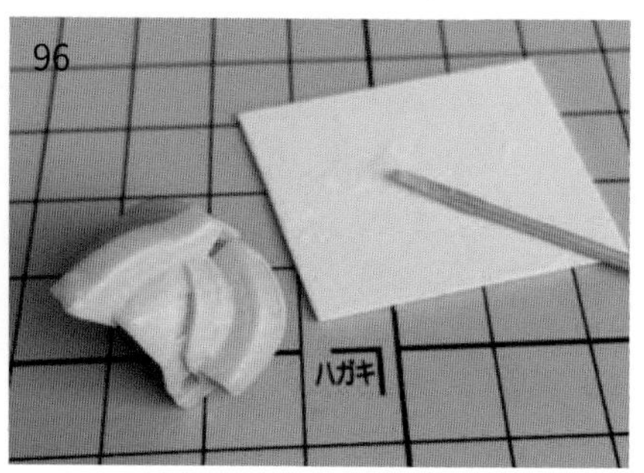

96

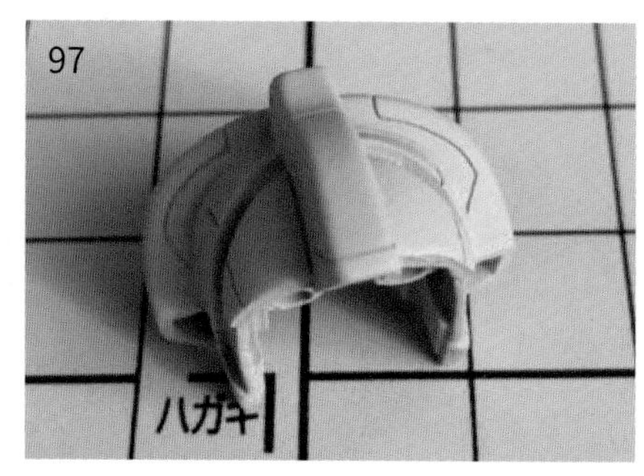

97

1.5.2 组合缝的填补

过大的组合缝，如果使用牙膏补土进行填补，牙膏补土干透之后会出现收缩情况，操作起来可能要重复填补几次才能达到良好的填补效果，因此选用“五爽大法”也是一个不错的选择，填补后进行打磨处理，最后上漆就把缝隐藏掉了（如图 98~ 图 100）。

98

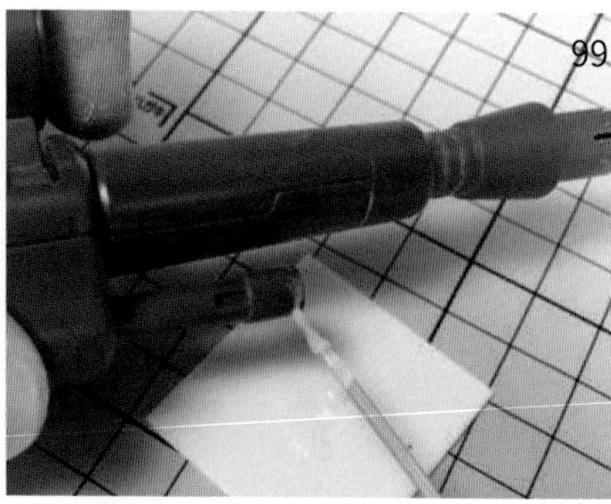
99

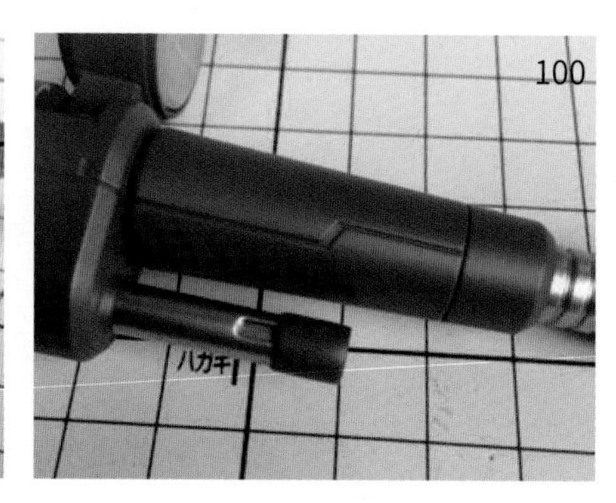

100

1.5.3 偷胶的处理办法

偷胶的处理使用 AB 补土进行最为方便。AB 补土最大的特点在半干的情况下硬度适中，可以通过笔刀或雕刻工具进行形状修整，而完全干透后的硬度也较高（如图 101）。

使用 AB 补土时，双手尽量保持湿润状态，双手干燥会导致 AB 补土过于黏手而不好控制，以相同的分量充分混合，填入零件的偷胶位，使用雕刻工具进行辅助压紧或铺平（如图 102、图 103），静置 2~3 小时，这个时间属于 AB 补土的半干状态时间，如果不能准确把握时间，可以利用多余的 AB 补土作为参考，使用笔刀进行切削看硬化效果，确定好 AB 补土半干状态后，使用笔刀将多余的部分切削掉。由于说过 AB 补土完全干透后硬度较大，过多的 AB 补土残留会导致后期处理起来比较困难，抓紧时间处理，最后打磨处理修正就好了（如图 104~ 图 106 ）。

101

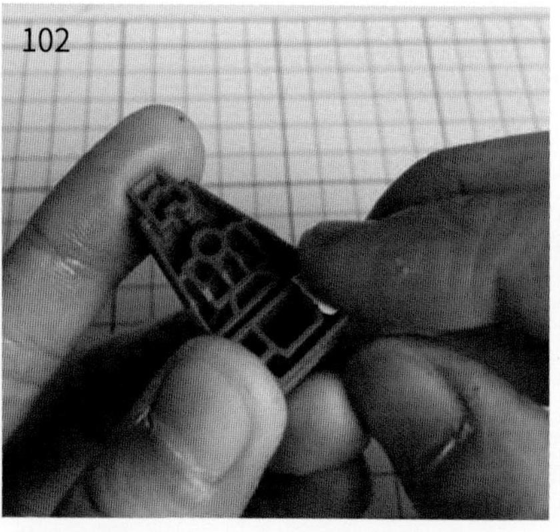
102

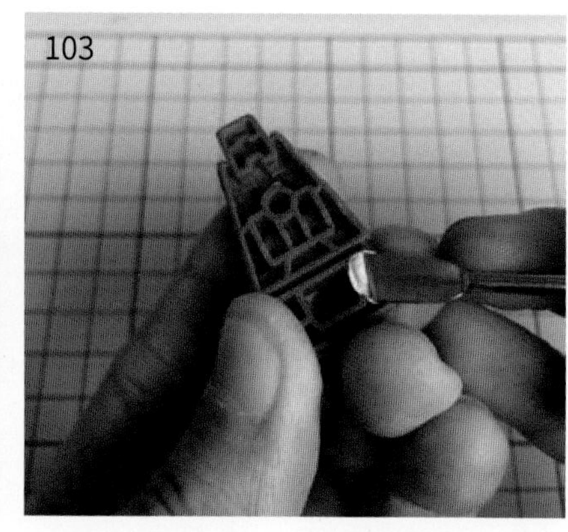
103

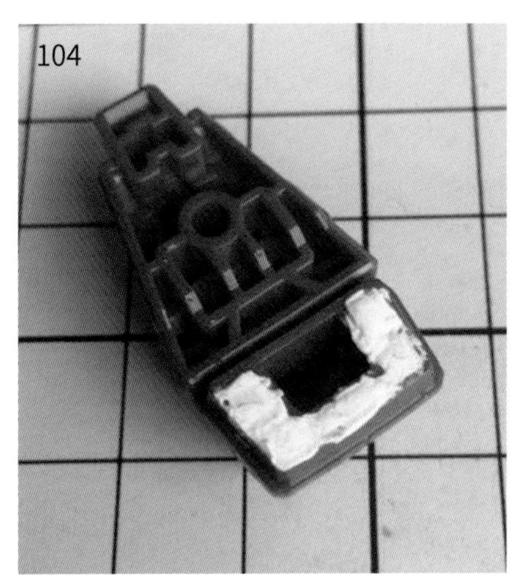

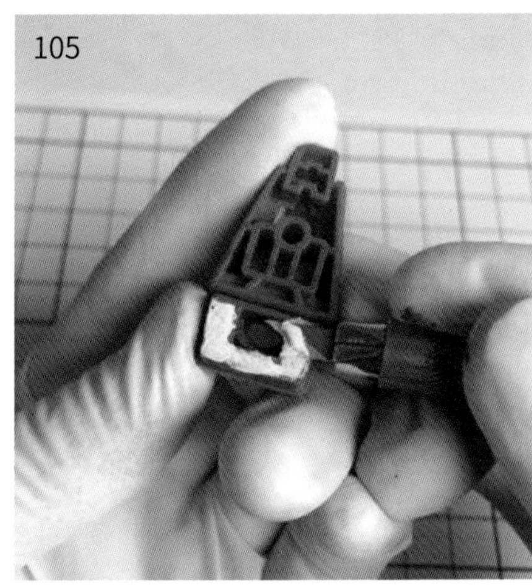

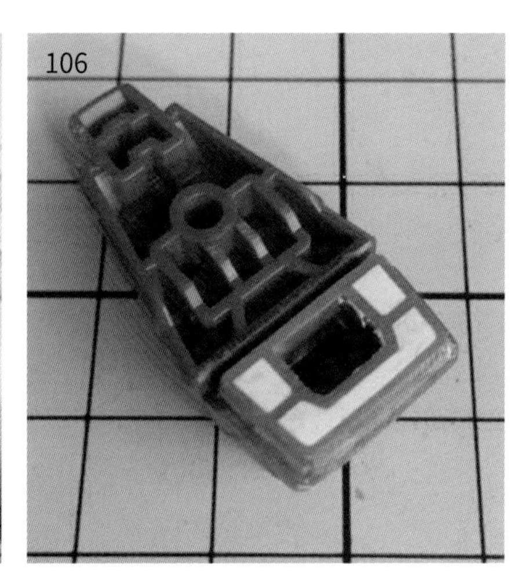

针对平面的填补偷胶，最方便的做法就是使用胶板叠在整个表面上，最后将多余部分裁剪掉和打磨平整即可，如果觉得缺乏细节，还可以在胶板上进行细节处理（如图 107 和图 108）。

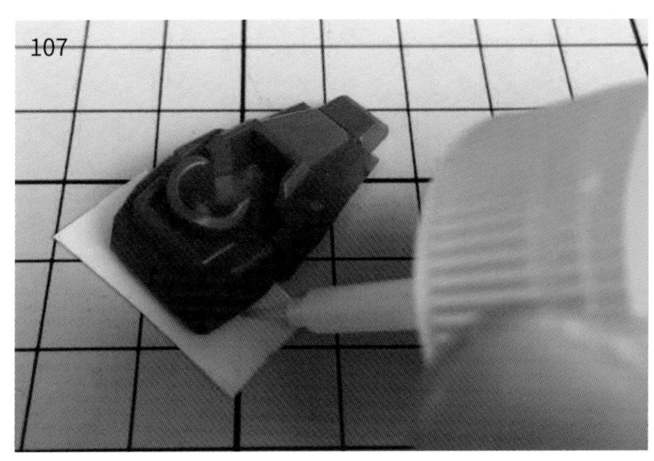

1.6　如何洗掉板件的电镀漆面

问：什么是电镀板件？

答：电镀板件就是利用电解原理在塑料板件表面上镀上一层亮丽的金属漆面，一般会在网络限定版或者特别版中出现。

问：为什么要洗掉板件上的电镀漆面？

答：板件上有电镀漆面，意味着不能对水口、分模线、漆面成色不均等瑕疵进行处理，影响模型的细节，且电镀漆面过于平滑，油漆附着力较低，所以要消除瑕疵与上色，就要洗掉板件上的电镀漆面。

问：洗掉之后能恢复模型的电镀效果吗？

答：这个问题答案是不能的，电镀的漆面效果只能通过工业电镀才能体现，涂装不能达到真电镀的效果，本书后面章节将会讲解伪电镀涂装效果，起码能挽回一点。

在高达模型制作过程中，有时候会遇到一些特别版或网络限定版有电镀与特殊涂装效果的漆面（如图109），如果保留原有的漆面，那么就要选择忽略水口、分模线、漆面成色不均的瑕疵。但也有模友会选择把这些漆面洗掉（如图110）重涂，虽然后期的涂装达不到电镀级的漆色效果，但最起码用独特的涂装技巧去创作出不一样的效果。

洗掉电镀漆面具体的做法其实很简单，电镀漆面共分2层：

表层属于油漆属性，使用专用洗漆液或者油漆稀释剂进行稀释，只需要把零件泡进装有专用洗漆液或油漆稀释剂的容器盘里即可（如图111），像过水一样稍微摇动零件几下，表层的漆面就会马上被溶解掉，请注意不能把零件泡太久，不然零件可能被“饼干化”。

底层属于电镀属性，专用的洗漆液或者油漆稀释剂已经对其没有作用了，此时该84消毒液出场了（如图112），稀释比例会影响电镀层被洗掉的时间，为了取得良好的效果与缩短时间，建议稀释比例为1 ：10。

把电镀漆面洗掉后，就可以当普通零件去进行处理了（如图113）。

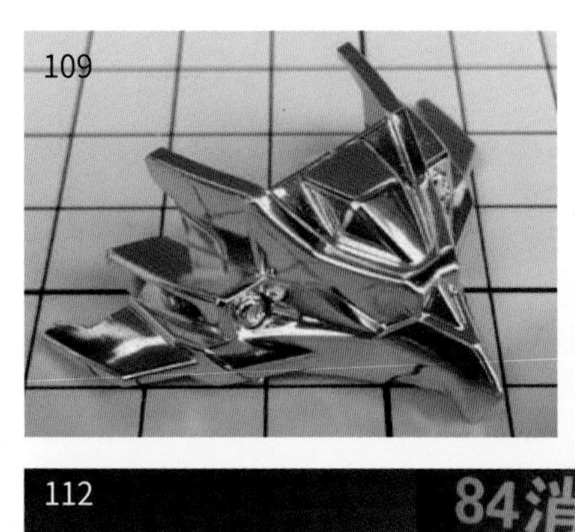
109

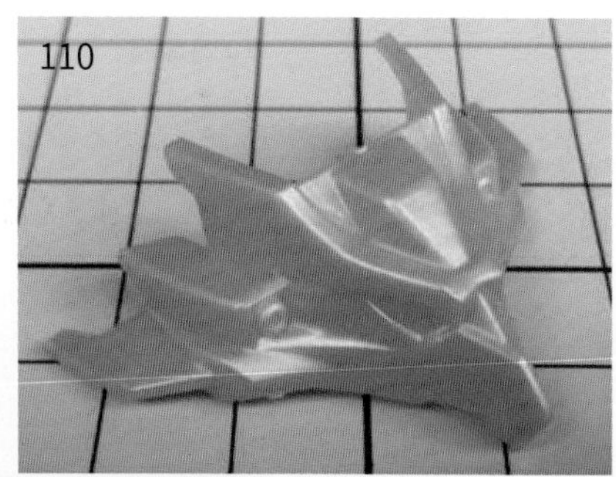
110

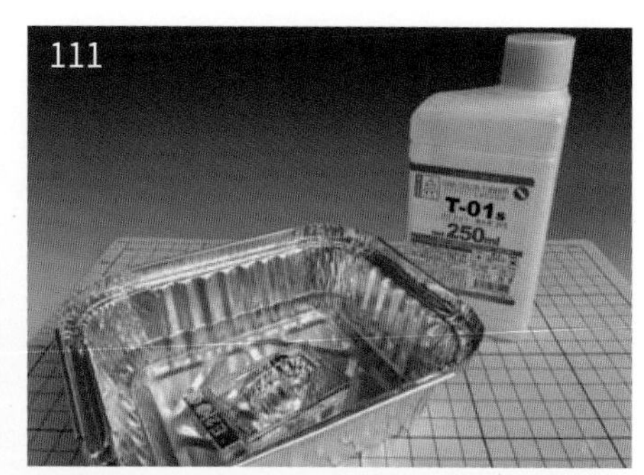

111

112

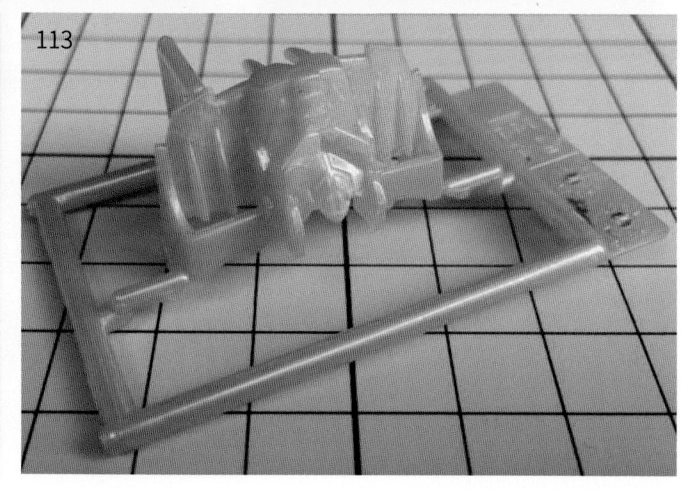
113

第 2 章
涂装从这里开始

2.1 水补土的作用

问：水补土的使用重要吗？

答：水补土的作用是非常重要的，可以说是零件前期处理的最后一个阶段，由于下一阶段就是上色涂装了，所以先得把前期处理的消除分模线、接缝、打磨刮痕以及修正零件等工序是否操作成功来个精细检查。

问：水补土的作用何在？

答：既然是零件前期处理的最后一个阶段和不可或缺的一项工具，水补土的作用可归纳为：

（1）填补细微的打磨刮痕。

（2）统一零件底色，更容易辨识零件表面的瑕疵。

（3）将不同材质的零件统一成相同的质感。

（4）预防材料内侧透光。

（5）加强模型油漆的附着力。

问：上好水补土后，是不是就可以进入上色涂装阶段了？

答：事实上，在喷水补土之前，就要先做好零件的前期处理工序，等喷过水补土之后，还要继续检查表面，将之前忽略的部位处理完善。要想让模型的表面光滑美观，慎重仔细地打磨绝不可省，否则喷再多的水补土也是无济于事的。

2.1.1 消除磨痕做法

在前面提起过，在模型的制作过程中，打磨处理是很重要的步骤，消除零件瑕疵也得通过打磨来进行，对于比较粗的打磨刮痕，只要上一层水补土后（如图 1）再使用比较柔细的砂纸再次打磨，就能靠水补土把整个表面刮痕填补（如图 2），那么在上色涂装后，零件的表面就非常光滑了（如图 3）。

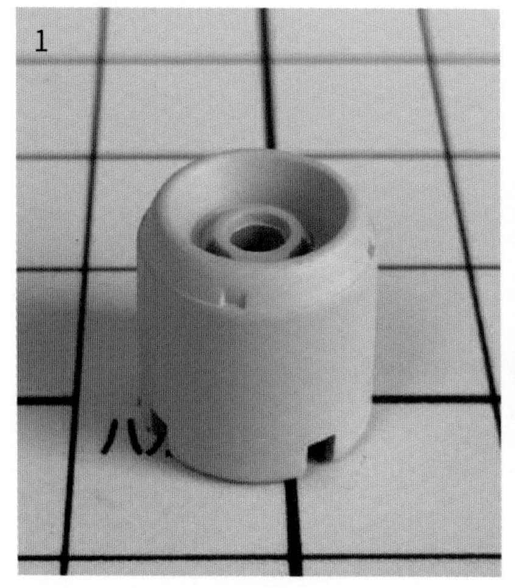

2.1.2　统一色调作用

高达模型的零件一般是多色成形件，防止由于零件底色透光所导致的色差，在正式上色涂装前，用水补土来统一各零件的色调与质感就显得重要了（如图 4 和图 5）。在之前也提到过，再次检查被忽略掉的瑕疵，也是一个不错的选择。

4

5

2.1.3　改变零件颜色

有时候，高达模型的涂装会有很大的想象空间，改变机体的配色也是玩家追求的方向，在浅色上更改深色是一件很容易的事情，但如果想从深色零件（如图 6）去更改浅色的话，需要补土的辅助（如图 7），使之变得容易操作（如图 8）。说到这一点，本人觉得灰补土是一件很奇妙的工具，颜色不深不浅，但覆盖效果又非常好，对于改色或统一色调十分合适。

6

7

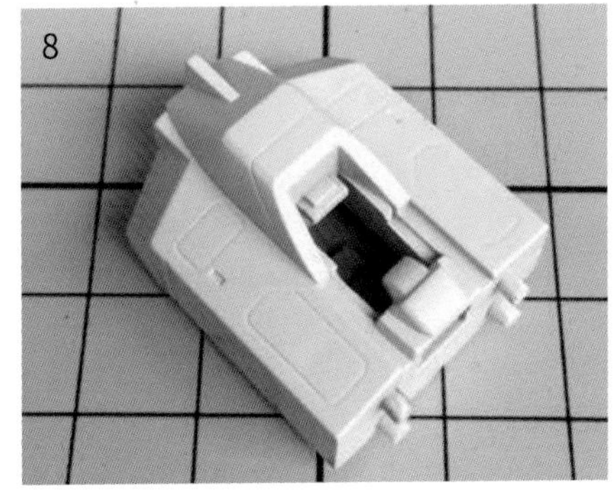
8

举个例子，如果没有喷涂上水补土直接改色的话，面漆属于浅色系的，就会透出底面的颜色，对比之下，喷涂过水补土的零件质感就提升了不少，且颜色表达准确（如图 9）。

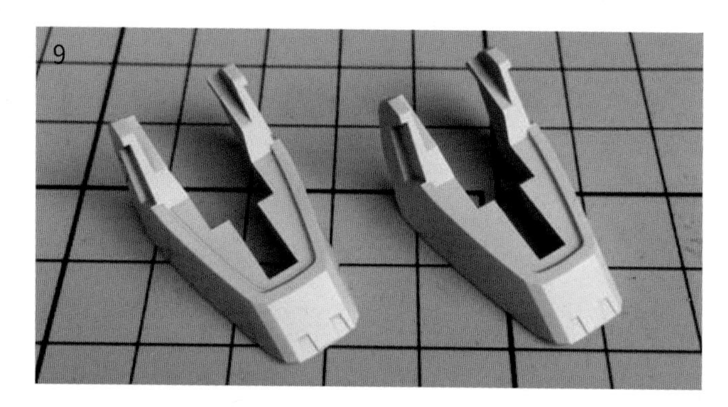

2.1.4 水补土制作铸造效果

铸造效果的零件表面需要呈现粗糙、凹凸不平的效果，虽然在后面会有专门讲解，但水补土在这种效果中充当的角色也是比较重要的。

水补土有号数之分，代表着相同面积的情况下，补土粒子的粗细。在之前提过填补细纹、统一色调等操作中，可以选择 1000 号、1200 号、1500 号等比较柔细的水补土。如需铸造效果，选用较粗的 500 号就非常合适（如图 10）。

喷涂做法：利用喷笔涂装，浓度稍高，使用点喷的方式慢慢覆盖整个零件表面，不宜湿喷，一层一层覆盖，喷涂距离拉远一些，尽量让水补土喷出强粒子的效果（如图 11 和图 12）。

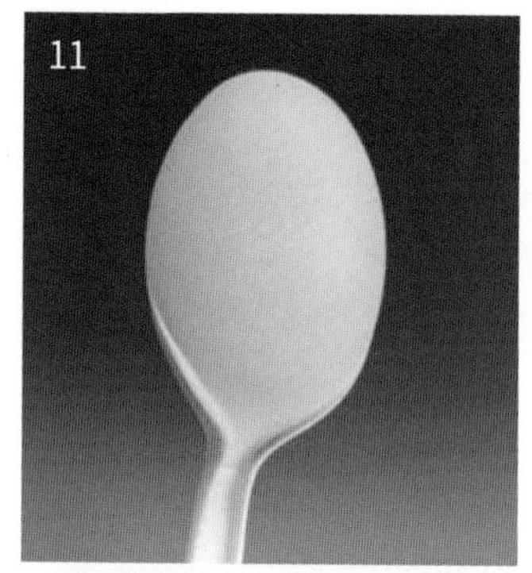

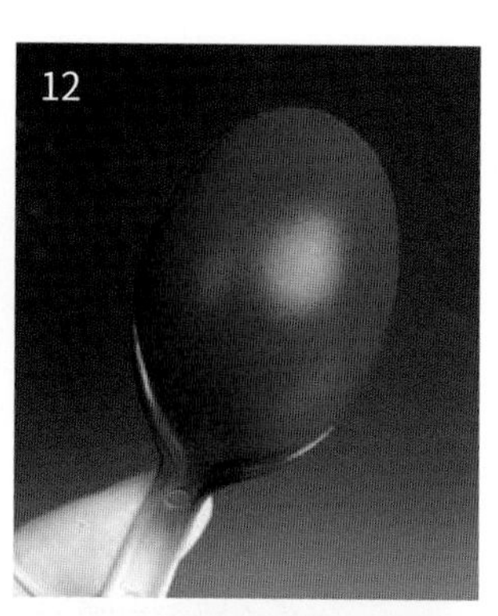

笔涂做法：利用平头笔将未稀释的补土整体涂满零件，然后水补土未干燥前使用牙刷戳零件表面（如图 13、图 14、图 15）。

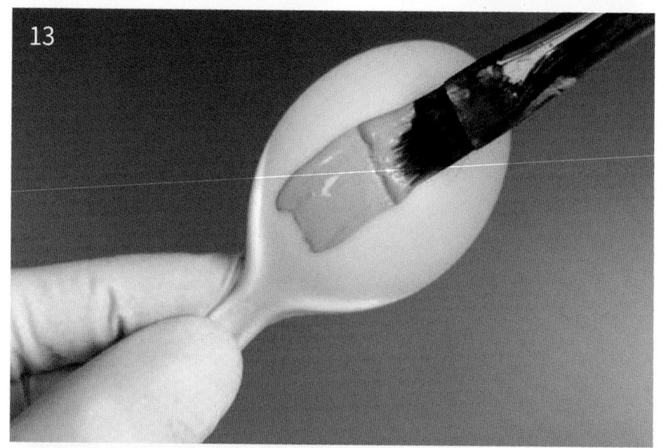

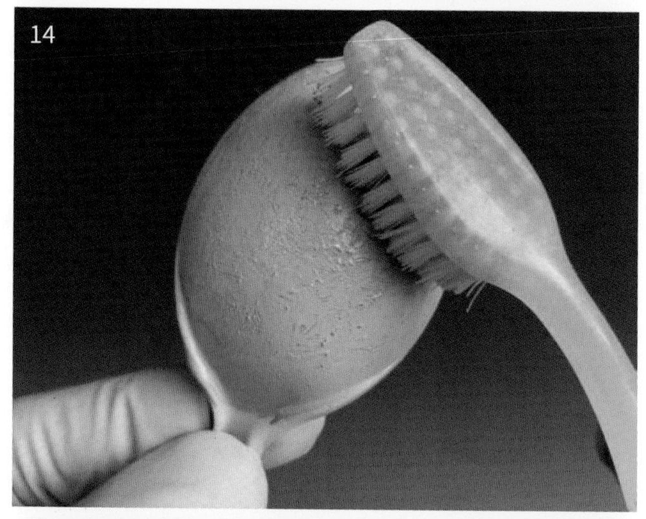

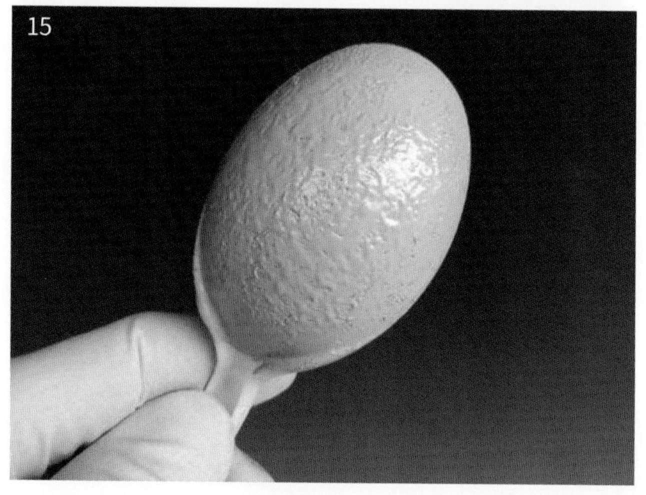

2.2　油漆与喷笔的使用

问：高达模型制作需要的油漆主要有哪几种？

答：高达模型涂装最常用到的油漆有硝基漆与珐琅漆。根据技法运用的要求，丙烯、油画颜料、水性漆也广泛被运用到高达模型的制作中。

问：这几种油漆有什么分别？

答：硝基漆是以有机溶剂来溶解的涂料，干燥速度快、附着力佳、耐久度高、不易被其他模型漆溶解等，是喷涂高达模型中最常用到的涂料。

珐琅漆是油性漆的一种，涂料的延展性和发色都很棒，是最适合笔涂用的模型漆。此外渗透性也很好，所以常被拿来当成入墨线的涂料，不过漆膜的强度是各种模型漆之中最弱的。

水性漆由于溶剂中含有水分，在干燥前可以用清水清洗，但是干燥后就不会被水溶解。漆味也比较淡，是最环保的涂料。

问：油漆的使用有什么注意事项？

答：油漆使用前一定要搅拌，模型漆存放一阵子就会出现溶剂与油漆分离的情况，搅拌是为了让模型漆发挥出应有的色泽；注意模型漆的浓度，笔涂与喷涂需要的浓度是不同的，且全新油漆的浓度也未必一样。

1. 油漆的稀释

模型漆的浓度调整对初学者来说的确是个棘手的问题。部分初学者还存在误区，以为买回来的油漆可以直接倒入喷笔里使用，对于稀释方面的把控也缺乏经验。过高的浓度会阻塞喷嘴，喷出来的粒子太粗，过稀的浓度会喷成水状，附着不均。

之前也有提过模型漆经过一阵子的放置就会出现溶剂与油漆分离的情况，如果单纯摇晃瓶子很难将瓶底沉淀的油漆挑起，那么可以通过使用专门的搅拌棒或者竹签对油漆进行充分搅拌（如图 16 和图 17）。拿出空瓶把油漆倒入，再倒入两次油漆瓶量的稀释剂，别放过原本油漆瓶里面的油漆，最好利用这两份稀释剂将本来的油漆瓶摇干净，这么一来，稀释比例大概就是油漆 1：稀释剂 2。这个稀释比例的油漆浓度比较好把控，不会过浓或者过稀，对于初学者来说，可以先将这个稀释比例作为参考，使用前不要忘记充分摇匀油漆（如图 18~图 22）。

不同的浓度喷在塑料板上，看看有什么不同（如图 23）。太浓的油漆在边缘位置会出现比较大的喷漆粒子，表面也比较粗糙，有时候还会发生喷出“蜘蛛丝”的情况，而且还要把喷嘴开度加大才能顺利喷出；相对的，太稀的油漆容易溢流，喷上去之后会发生颜色不均匀的情况，而且还像水一样向外延伸，如果想喷出较细的线条，就把喷嘴开度调到最小。

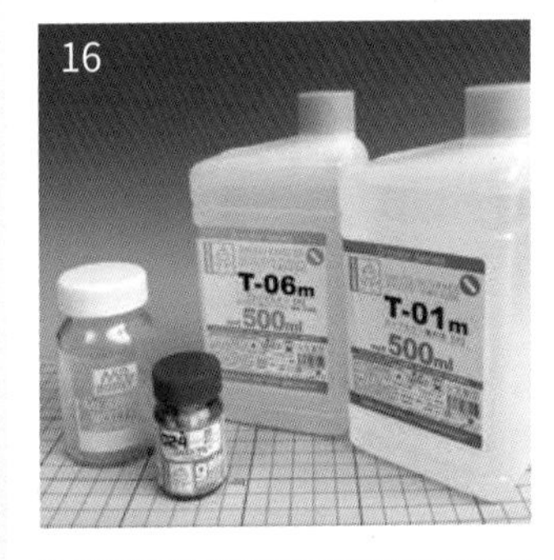

16

17

18

19

20

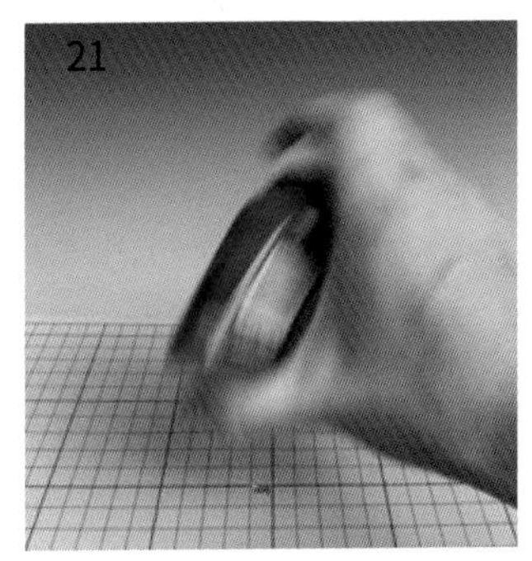
21

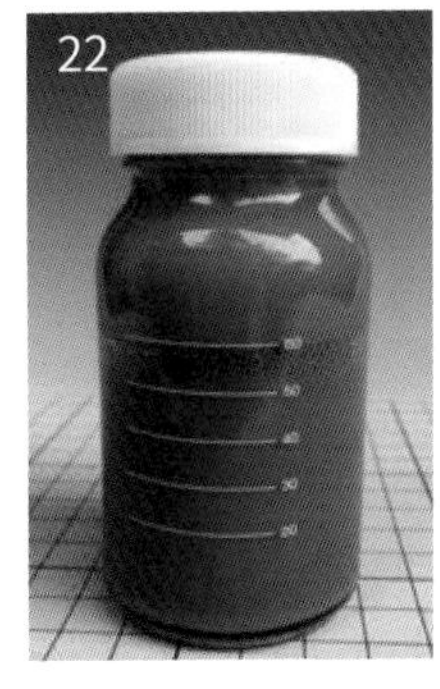
22

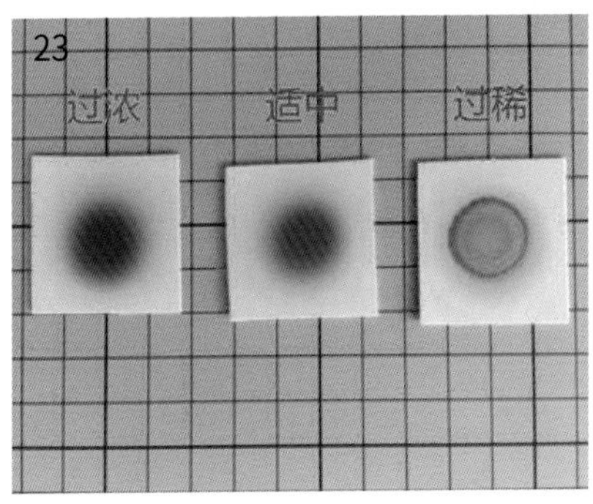

23

2. 调色的原理

色彩的运用是一门非常深奥的学问，不妨通过了解三原色来认识更多的色泽表现。

三原色一般指的是红、黄、蓝。我们从日常生活中的常识可以了解到：黄 + 红 = 橙、红 + 蓝 = 紫、蓝 + 黄 = 绿。如果用最初级的做法，使用黑色、白色，就可以将色调变深、变浅（如图 24~ 图 28）。

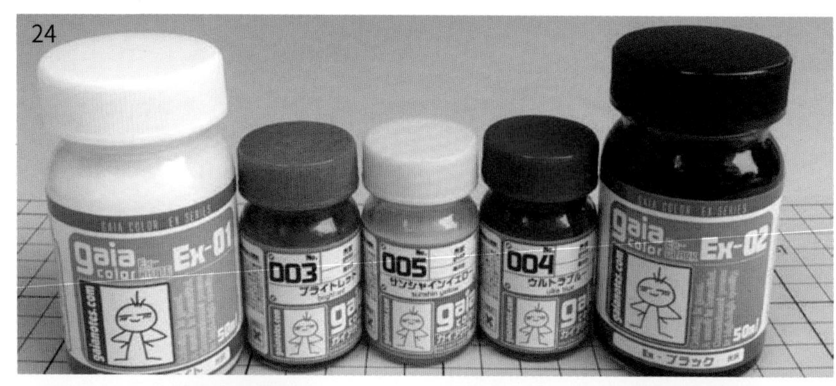

24

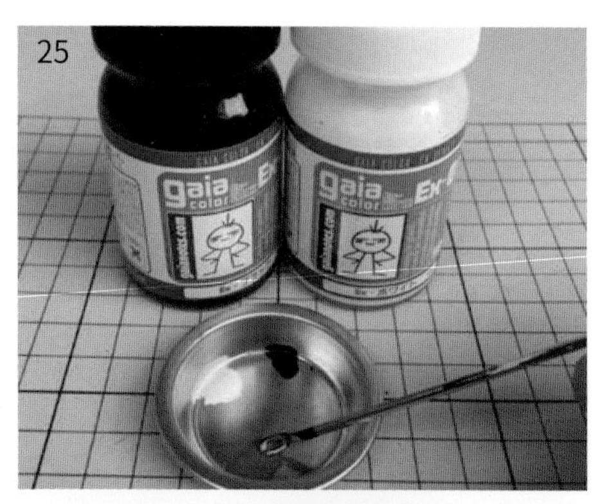
25

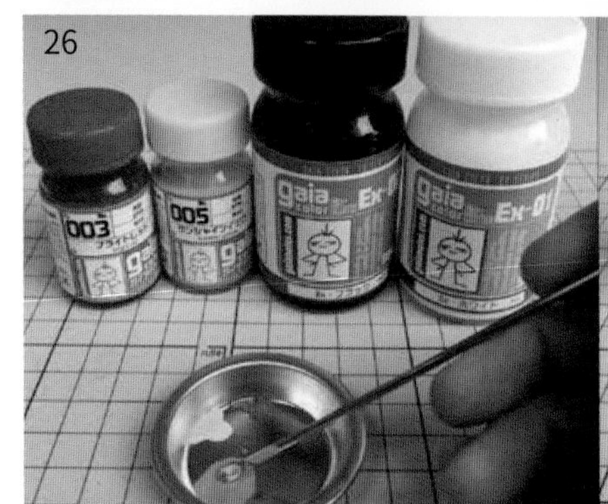
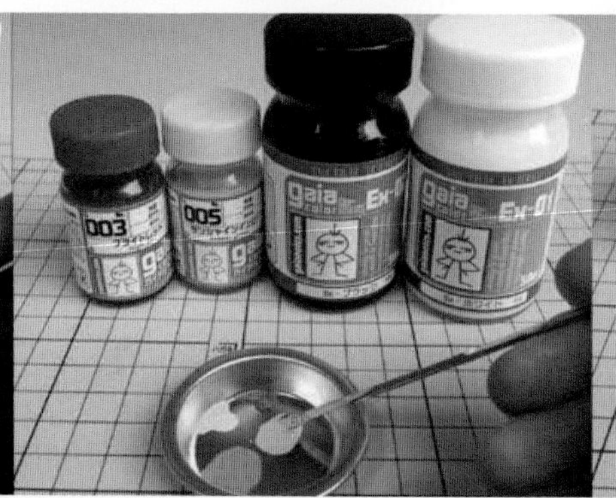
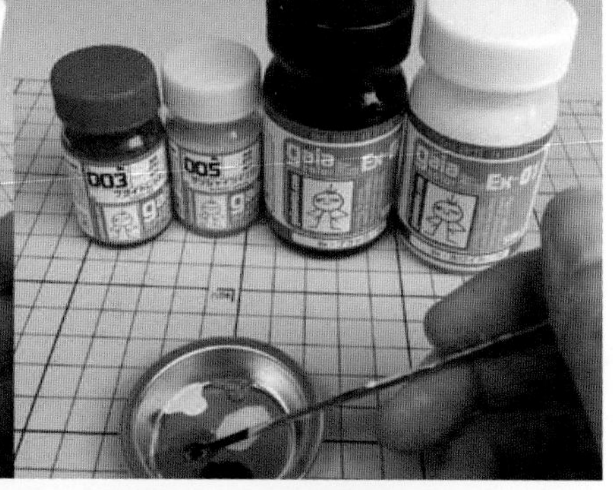
26

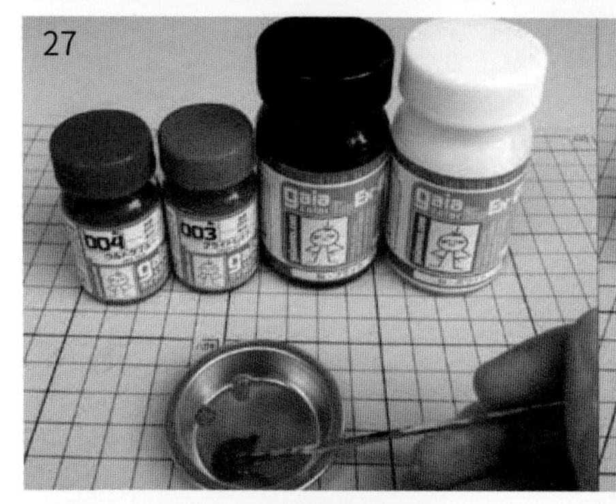
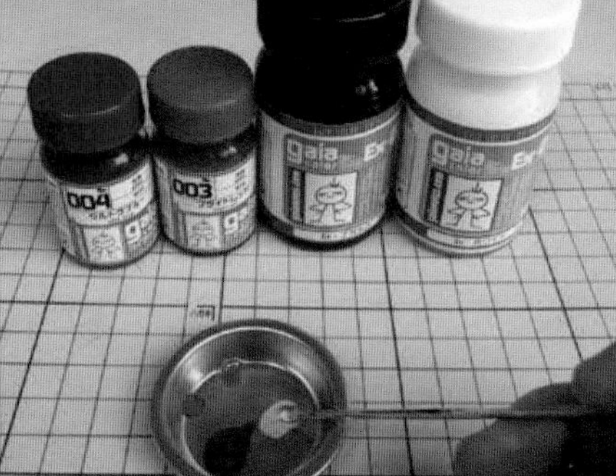
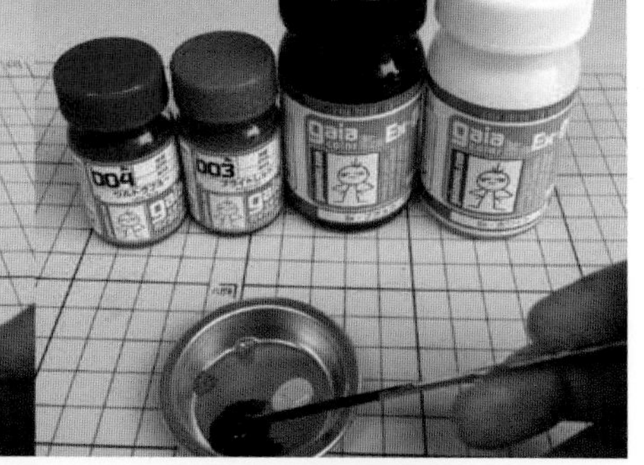
27

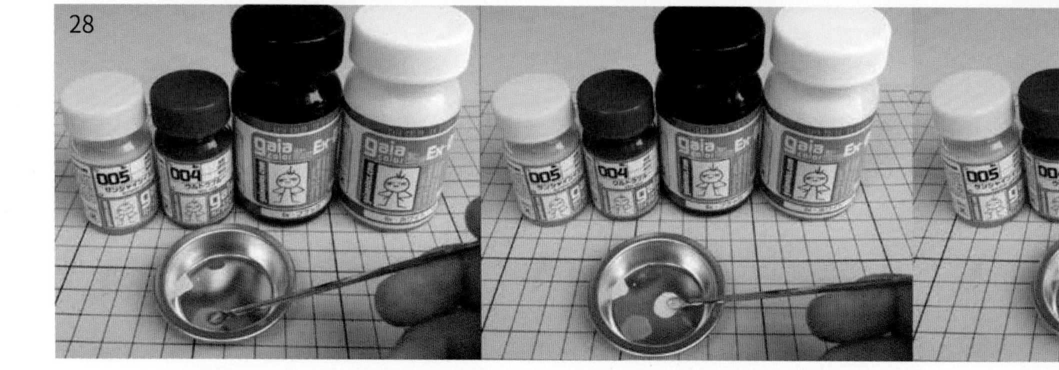
28

调色的时候，为了确认漆的比例，最好用滴管来作业。就算是用一整瓶进行调色，也要一点一点添加，观察颜色的变化，不要一次性倒入太多。添加混合色的时候遵循“从浅到深”规律，意思就是在浅色调漆里面调暗沉色漆。如果将这个规律倒换，可能需要得到的颜色用两大瓶模型漆也未必能调得合适。

在需要的漆量不多的情况下，只要调一点点就够用了，如果不能估算漆量足不足够，事先调好一大瓶收藏起来会比较保险。因为进行过调色的模型漆，在涂装过程中才发现漆量不够，重新调配的话，基本不可能调出一模一样的颜色来。

当模型漆调配好后，进行试喷，看看干透的效果如何。模型漆的色感在湿润与干燥的时候会产生变化，所以一定要观察之后再使用。

3. 发色的常识

在喷涂时，最基本的规律就是“先浅后深”，浅色和鲜艳的颜色遮盖力都比较差，底下的颜色很容易透出，在暗沉系的颜色上面覆盖遮盖力弱的颜色，就呈现不出应有的鲜艳度。

看一下对比，下图选用了白色、灰色、黑色作为底色，在表面覆盖红色（如图 29 和图 30）。可以看出底色越暗沉的，表面的红色也跟着相对暗沉，而白色作为底色的红色发色就相对鲜艳不少了。如果想要在暗沉色上面覆盖鲜艳的颜色，就得重新打底，如果想追求成品色调光暗对比，通过底色去控制面漆鲜艳度也是一个不错的选择。

29

30

4. 喷笔的握持方式

（1）最普通的握持方式是用食指控制出漆量按钮（如图 31）。这种方法和正常拿笔的方法相同，容易上手，也易于观察喷漆的零件，适合精细涂装。

（2）用大拇指控制出漆量按钮的握持（如图 32），虽然施力比较轻松，但细微动作控制起来比较困难。

（3）利用食指与大拇指控制出漆量按钮的握持（如图 33），用大拇指按按钮，食指控制喷针进退，虽然可以极为精准地控制喷笔，但拿喷笔的稳定性较差。

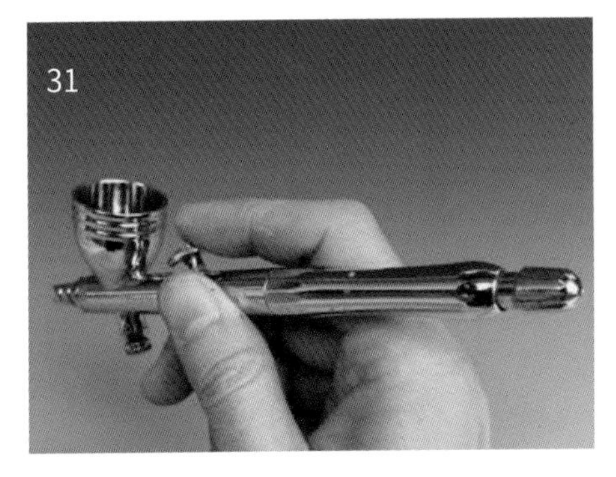
31

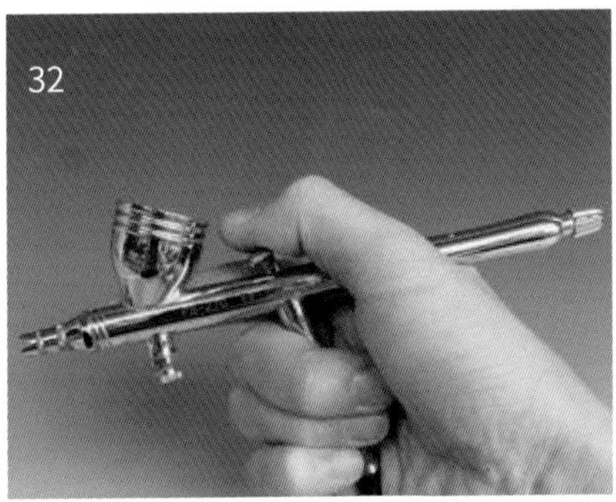
32

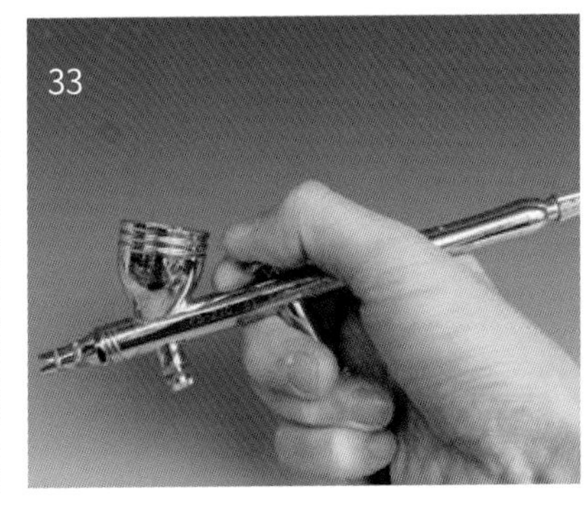
33

5. 喷笔上按钮的作用

（1）出漆按钮（如图 34）。往下压是单纯出气，按着按钮越往后退，出漆量则越大。

（2）气压微调按钮（如图 35）。名为空气调节螺丝，控制喷笔的出气量，通过转动螺丝可以加减出气量，这样就不用经常调节气泵上的气压表，而且精准度更高、操作更方便。但有些喷笔没有配备这个按钮，在出气量的调节方面就要靠气泵上的气压表进行了。

（3）喷针调节按钮（如图 36）。转动这个按钮，可以限制喷针后退的距离。换句话说，通过使用这个按钮，可以保证每次的出漆量相同。

6. 喷笔的清洗

喷涂完油漆的喷笔，利用气压回流的方式“漱洗”笔壶里面的油漆。装入洗笔液，扭松喷笔前端，按下出漆按钮稍微后退，这时逆流的空气会重回笔壶中，把通道里的模型漆都洗干净。但有些喷笔前端是固定的，可以使用纸巾把喷帽包紧，同样可以进行“漱洗”（如图 37~ 图 39）。

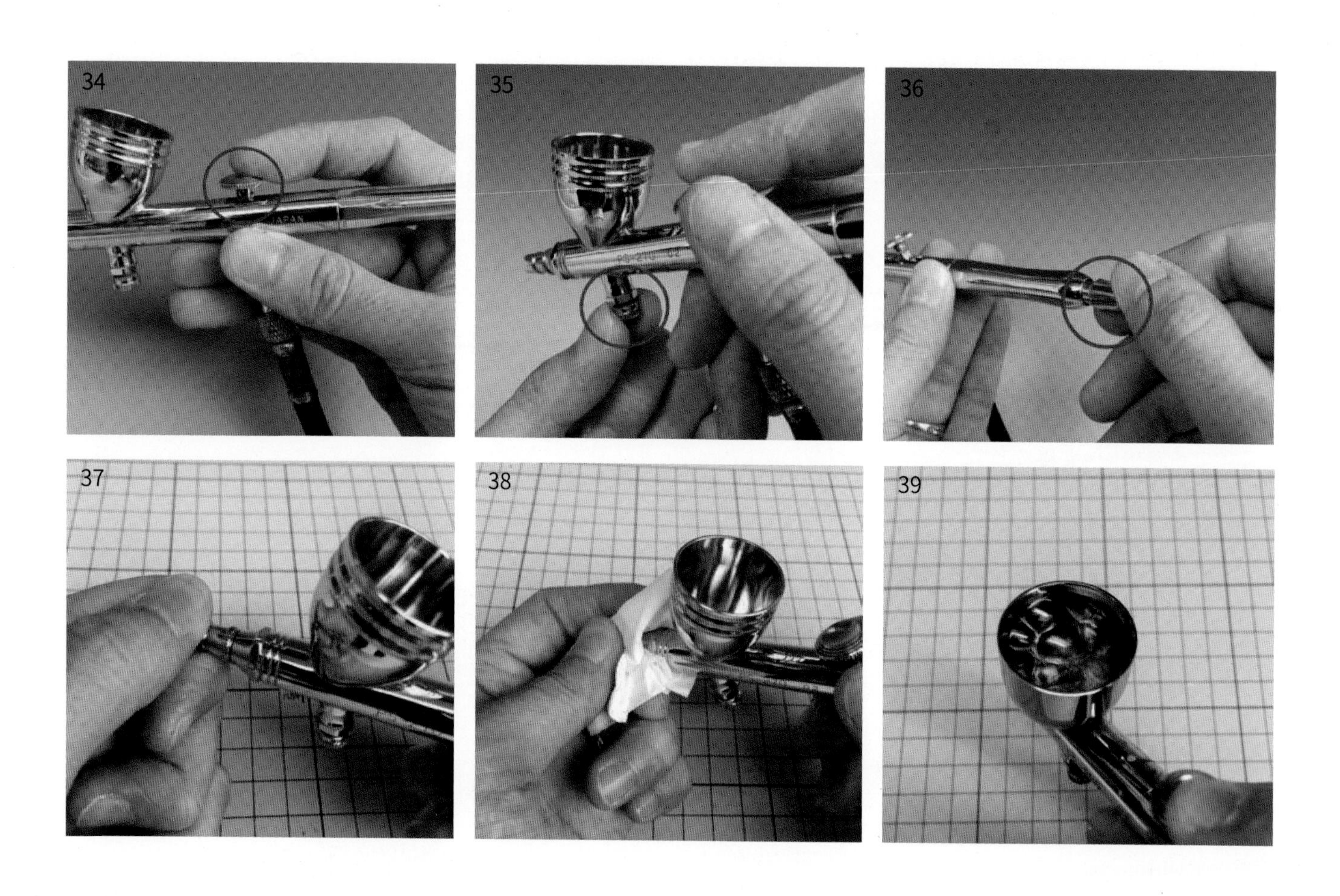

正常情况下，不建议把喷笔拆散清洗，毕竟喷笔内部有不少密封胶圈，溶剂流入的话，会腐蚀胶圈从而导致密封性受损。日常清洗中只需把喷针拆下，用蘸有溶剂的面纸轻轻擦拭（如图 40 和图 41），利用蘸有溶剂的棉签对笔壶进行清理（如图 42），定期给出漆按钮的位置涂上润滑剂，以保证按钮的顺畅即可。

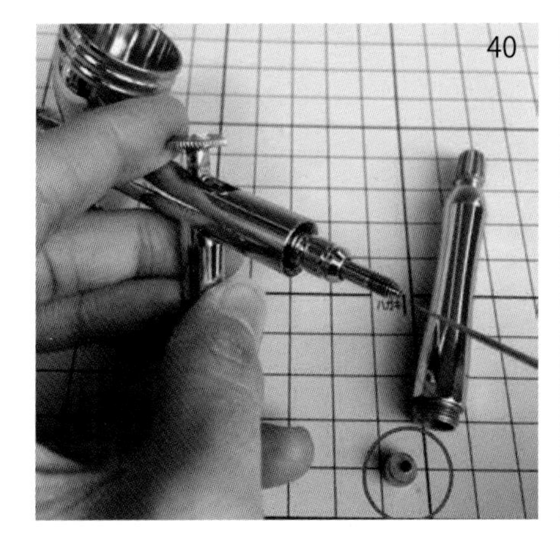
40

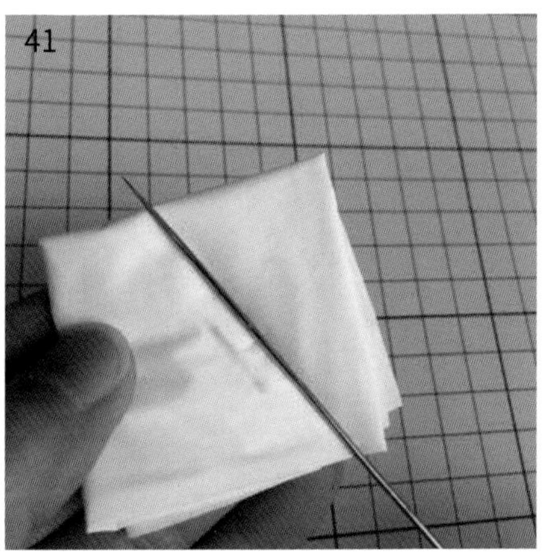
41

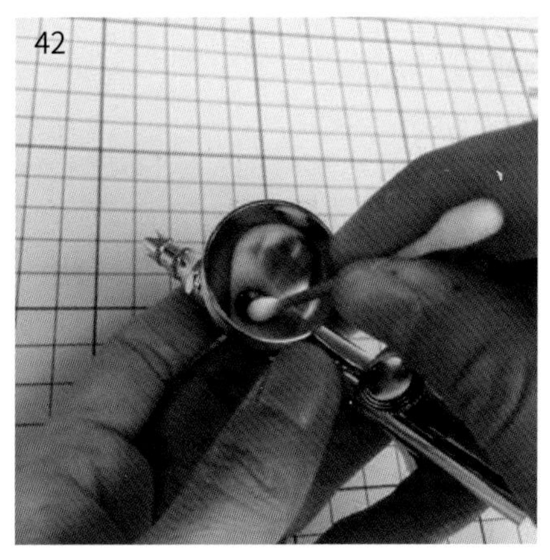
42

2.3　喷涂的技巧

问：喷涂有什么方法？

答：一般进行喷涂作业，使用的是喷罐与喷笔进行操作。

问：喷涂有什么要素？

答：喷涂的要素是：出漆量、气压、喷涂距离。这三点是相辅相成的，其中一个要素变化了，其余两个要素也要随着变化。而且每个人操作不一样，需自身熟练掌握。

问：喷涂有什么技法？

答：喷涂所用到的技法和玩家制作哪一款模型、想要什么效果是有所关联的。本书中选取了几种喷涂技法进行讲解，玩家可以自行活用或是当成参考，但无论什么技法，要喷涂得漂亮细致才是至关重要的。

这里使用了 MG RX78-2 Ver1.0（如图 43）作为效果展示。

43

在喷涂之前，一定要先处理零件上的灰尘与残渣，用静电扫或喷笔喷出高压空气，把灰尘和残渣处理掉（如图 44）。

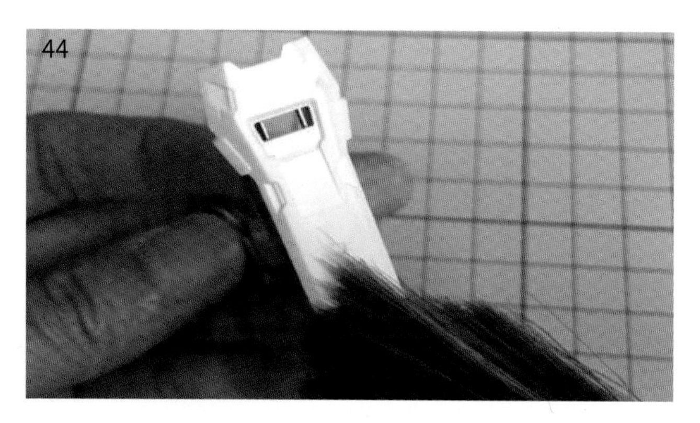
44

2.3.1 喷罐操作

喷罐的优点是随手拿起就可以进行喷涂了，厂商也推出了不少色系，对于无法喷笔作业的玩家来说，也是一个不错的选择。但如果想拥有独一无二的颜色搭配，喷罐不能进行调色，就只能无奈叹息。

喷罐使用前一定要先摇匀，把里面沉淀的油漆与溶剂混合均匀（如图 45）。

45

喷罐是用来喷大面积时用的，拥有较强的气压，使用时大概与零件保持 20 厘米的距离，按下喷漆按钮后，不能停留在同一位置，以稳定速度平行移动（如图 46），不然会喷得太厚，造成流涕现象，修复打磨的时候就痛苦万分了。

要想利用喷罐喷涂出好的漆面，建议以轻轻地、短暂地按下按钮平行移动的方式进行，重复几次将零件的表面全覆盖。按下按钮与放开按钮的瞬间，喷嘴不要直接面对模型。

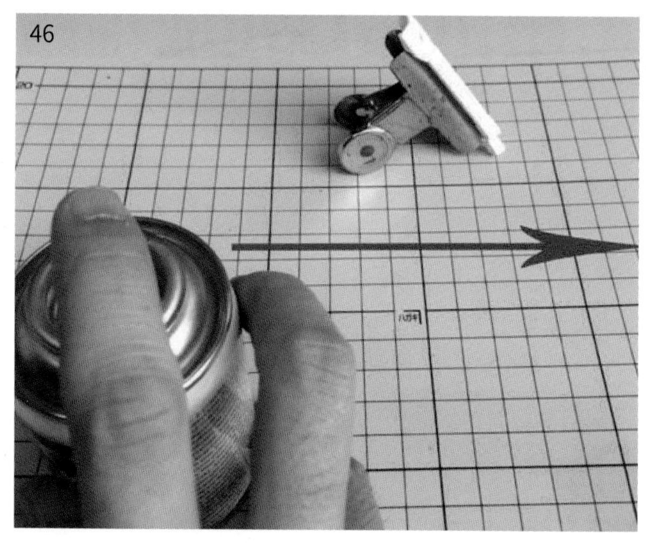
46

2.3.2 喷笔操作

掌握了油漆与喷笔的使用之后就可以实际操作喷笔喷涂了。必须谨记喷笔涂装的三大要素：出漆量、气压、距离。漆面的好与坏就要看这三大要素的结合，喷的时候也不要急着一次性把零件涂满颜色，必须薄喷多层。

（1）对零件喷涂前，不要急着将喷笔对准零件，以防按下按钮时气压过大造成油漆大量喷出，也同样预防笔帽上有油漆堆积一下子洒在零件上。

（2）给喷涂的零件喷好水补土或底漆（如图 47），喷涂时要先对零件的边缘或死角做处理，之后再整体喷涂零件（如图 48~ 图 51）。边角与死角位置相对比较难被喷到，如果先整体喷涂零件后再处理的话，有可能导致堆漆情况的出现或漆面过厚，如果堆漆了，还要打磨处理后重新喷涂一次。

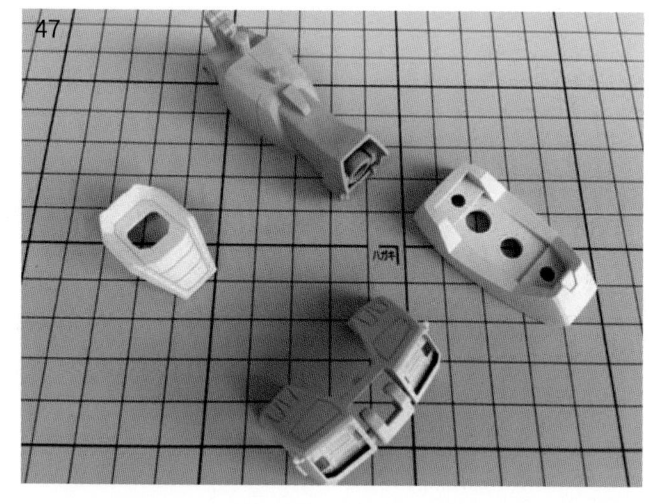
47

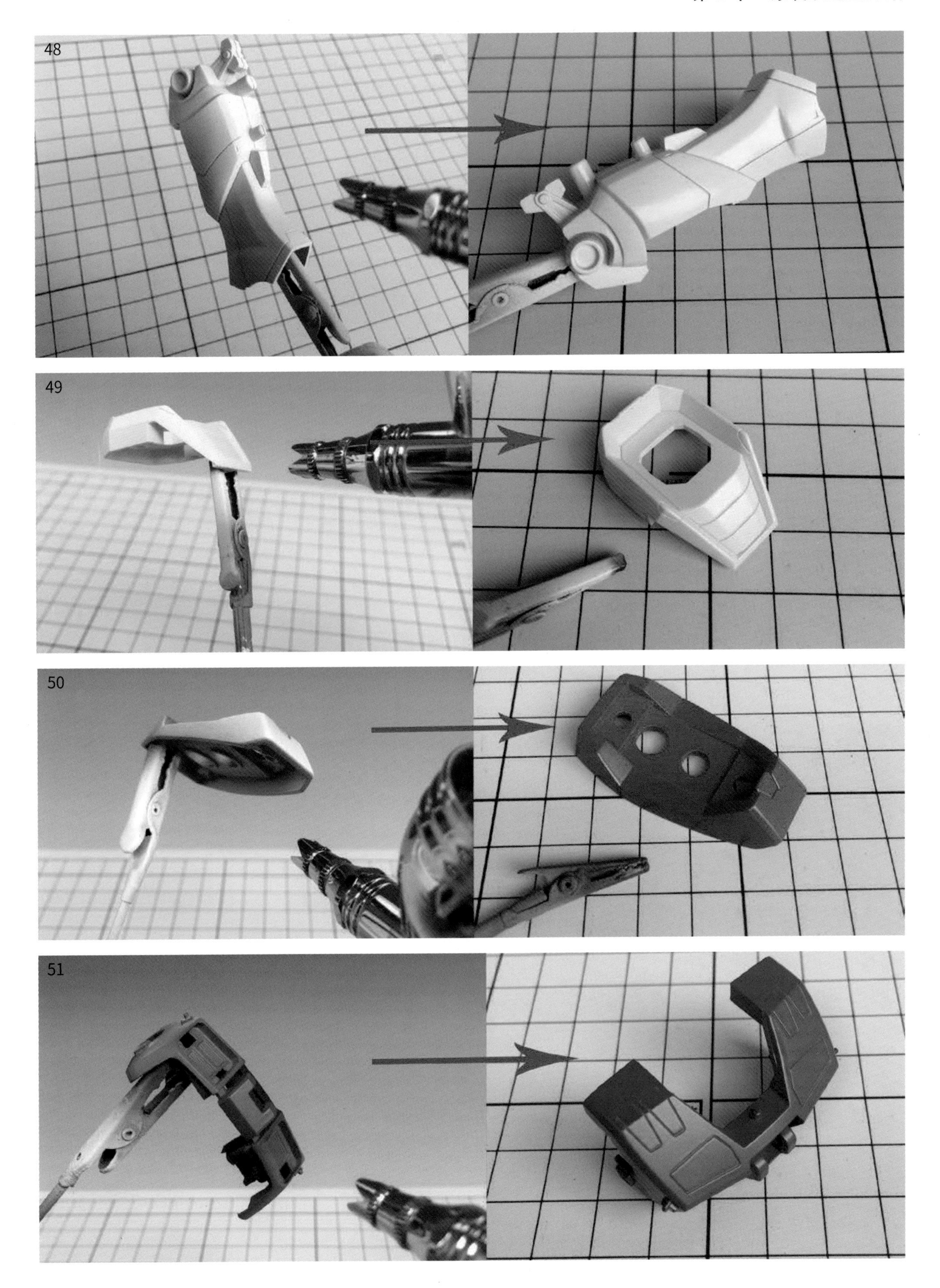
48
49
50
51

喷涂大面积零件时，可以将大面积零件分割成几个小面积区域，针对喷涂好的小面积再一次性整体喷涂（如图 52~ 图 54）。薄喷多层，以固定的速度移动喷笔，喷出来的漆面才会平整。

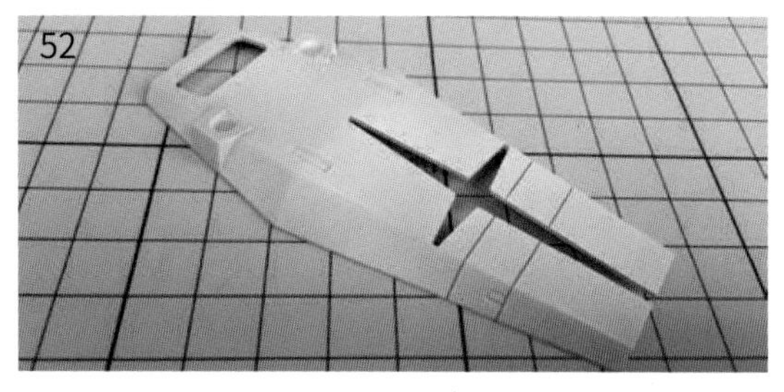
52

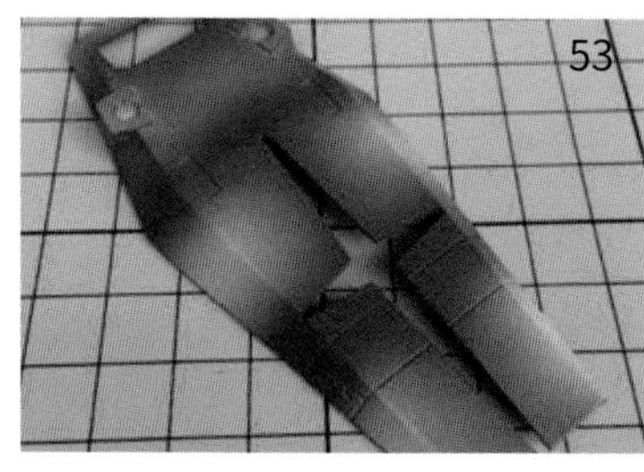
53

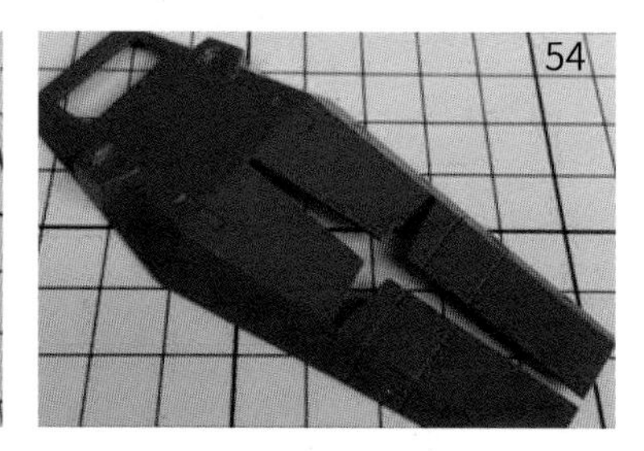
54

2.4 笔涂的技巧

问：笔涂重要吗？

答：笔涂可以说是涂装的基本功，接触模型的玩家都想为模型上色，但涂装知识薄弱或喷涂场地条件不允许的情况下，都只能选择笔涂。

问：笔涂难吗？

答：模型的材质是塑料，并不会吸收颜料，一不小心， 就有可能涂出笔痕。但有时候有些技法必须通过笔涂进行，所以喷涂是一门学问，笔涂也同样是一门学问。

问：笔涂常用到什么工具油漆？

答：笔涂需要的油漆首选珐琅漆，其漆膜延展性最好。其次是硝基漆，一般来说，模型多半是用硝基漆进行上色，由于珐琅漆与硝基漆的不相溶性质，使用珐琅漆细节补色或渗线等作业时，也不会伤害到硝基漆表面。而工具方面常用到的是平头笔与面相笔。平头笔适合用于大面积涂装，面相笔则适合小零件涂装了，按照制作要求，可选择合适的笔进行。

2.4.1 浓度稀释

其实笔涂需要什么浓度才算是合适呢？这要根据实际的操作而定，这里就暂且以正常笔涂为前提来讲解，一般来说，笔涂稀释的比例为珐琅漆 1 ：溶剂 0.8~1（如图 55）。

从笔涂的效果对比可以看出，过浓比例适合一些细节的补色，但正常笔涂会导致边缘堆漆现象；过稀比例则非常容易溢漆。入墨线就可以考虑，手涂就不适合了（如图 56）。

55

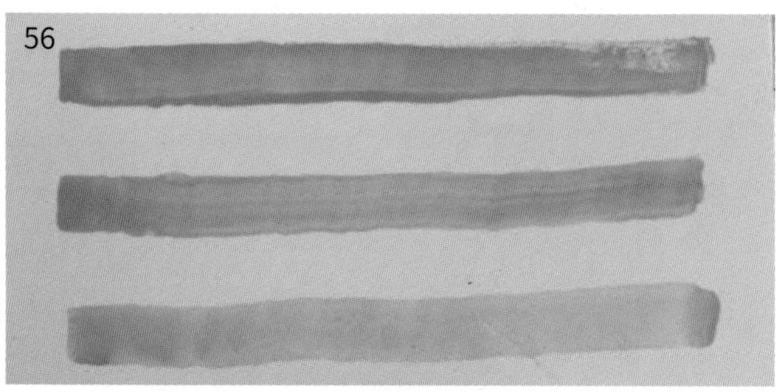
56

2.4.2　笔涂的运笔方式

笔涂时若想减少笔痕的产生，第一件事是注意笔毛的状态，最好挑选专业品牌的笔，笔毛的品质也会影响使用时的效果。第二件事就要注意笔头漆量，漆量太多，容易堆漆，漆量太少，无法一笔涂满颜色（如图 57）。

运笔方向尽量保持以固定速度、同一方向移动笔，以平行线方式一笔一笔地进行笔涂。笔涂重叠的地方颜色会比较深，所以尽量缩小重叠范围，但也不要平行线之间露出底色（如图 58）。

切记不要急着一次性涂满颜色，一层笔涂过后等油漆干燥再以与第一层漆运笔方向垂直的方向涂上第二层（如图 59、图 60）。由于有过第一层的漆，第二层笔涂上去可以看出比较均匀了，只要多加练习就能掌握其中的要领。

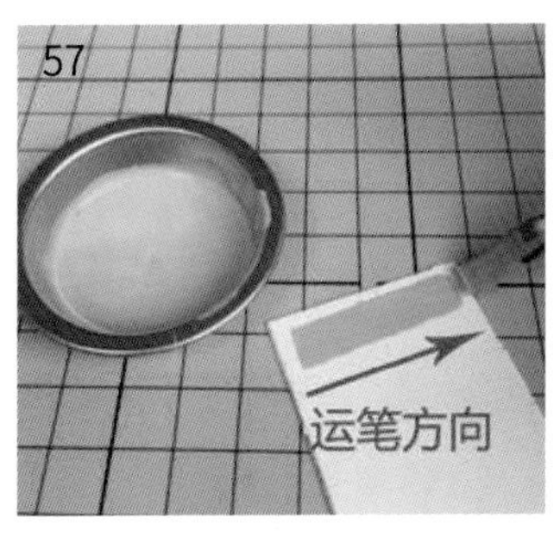

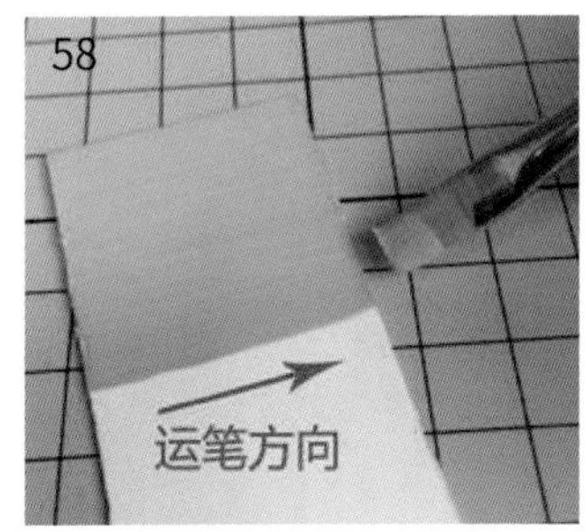

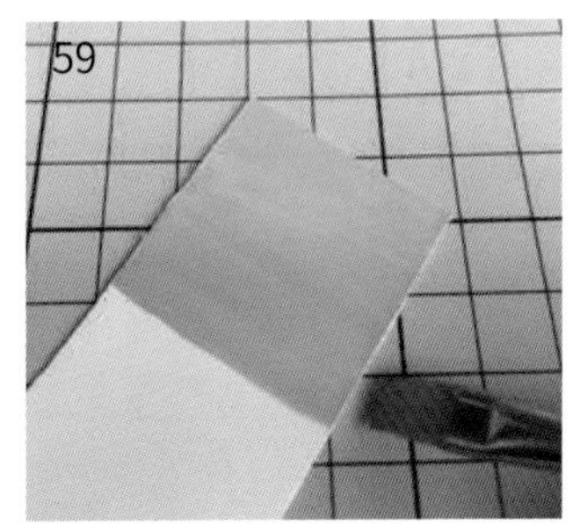

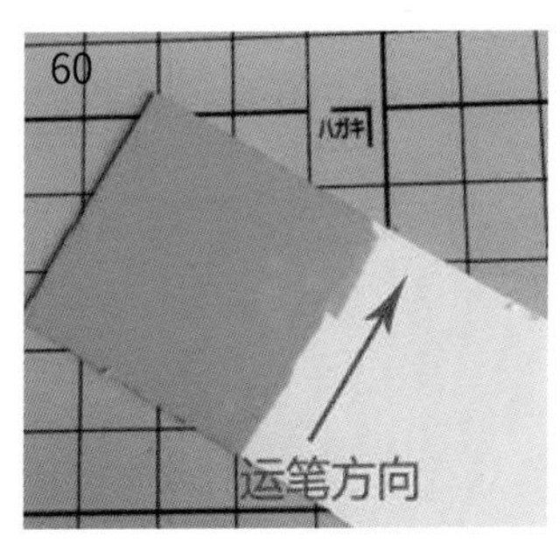

2.4.3　细节笔涂实践

在笔涂过程中，溶剂会不断挥发，所以要随时调整补充溶剂。使用 00000 的面相笔把需要手涂部分的边缘轮廓先涂出来，预防平头笔无法涂到或污染到不需补色的地方（如图 61 和图 62）。

当用面相笔刻画轮廓后，再使用平头笔均匀涂满空白位置，最后静置干燥就行了（如图 63~ 图 65），但千万别只注重零件的表面而忘了零件的背面涂装。

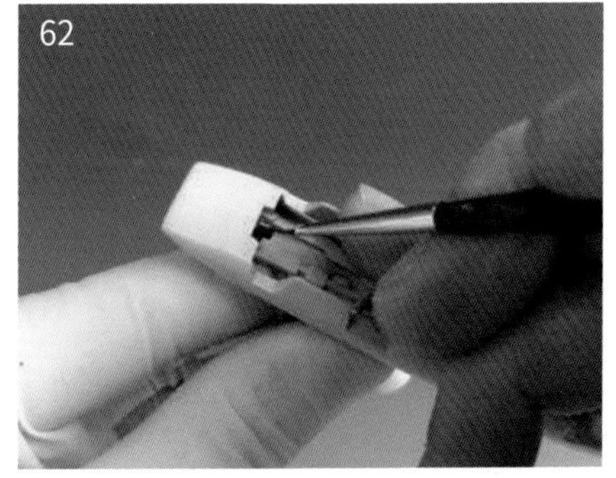

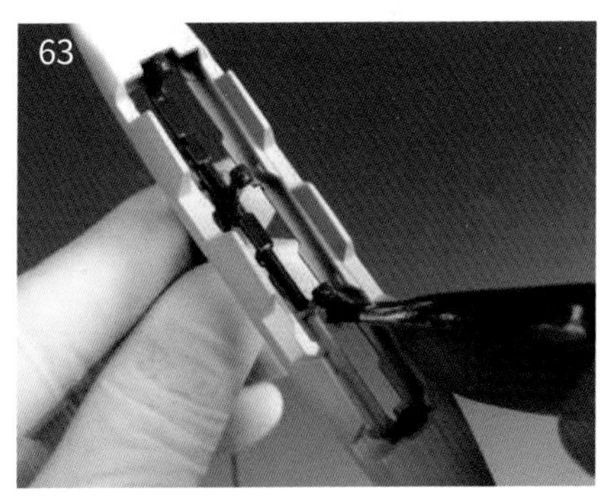

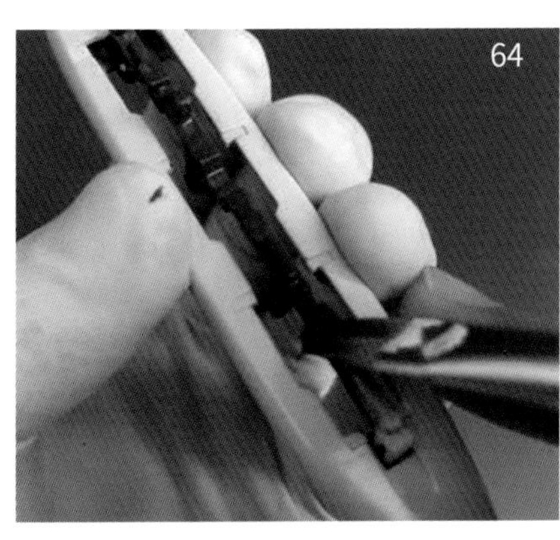

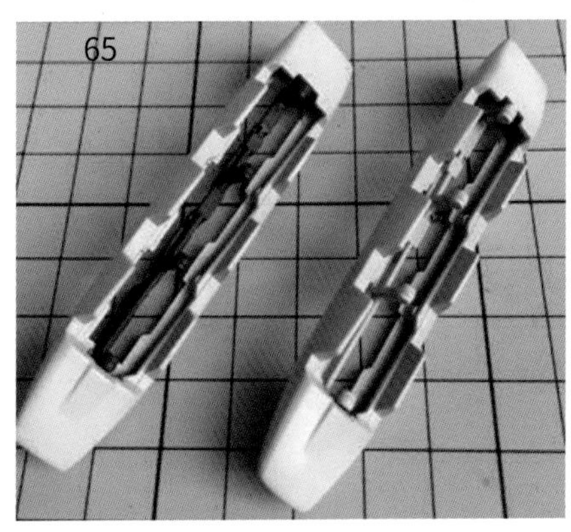

2.5 珐琅漆的运用

问：珐琅漆除了笔涂外，还有什么作用？

答：珐琅漆在高达模型制作过程中除了笔涂细节补色还可以充当渍洗液、渗线、旧化颜料等，用途可以说是比较广泛的。

问：珐琅漆有什么优点？

答：珐琅漆的漆面延展性好、覆盖力强、毒性小、笔涂喷涂同样适用，是模型工作台上的重要工具之一。

在前面介绍过珐琅漆适合笔涂的操作，在高达模型制作中，借用珐琅漆与硝基漆不相溶这个特性，可以相互搭配，从而带出很多简便且实用的做法。

使用珐琅漆喷涂，稀释的浓度要非常精准，稍微过浓会导致喷笔阻塞，出漆颗粒粗且漆面“起沙”；稍微过稀会导致流涕，漆面不均匀（如图 66）。大概的稀释比例在 0.8~1 左右，喷涂零件前不妨先把稀释问题解决。

虽然珐琅漆与硝基漆不相溶，在硝基漆上面覆盖珐琅漆可以通过 X20 擦拭掉。如果过多地污染到不需涂装的地方，到擦拭时就会痛苦万分，所以喷涂前可以将无须喷涂的地方稍微遮盖一下，那么最后擦拭的时候就会轻松很多了（如图 67~ 图 70）。建议使用珐琅漆 XF 系列，属于消光属性，喷涂完成后直接消光，可以不需要补喷一层消光保护漆。

66

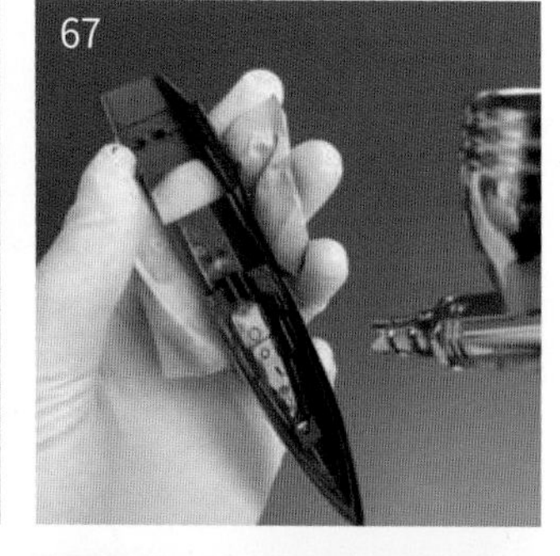
67

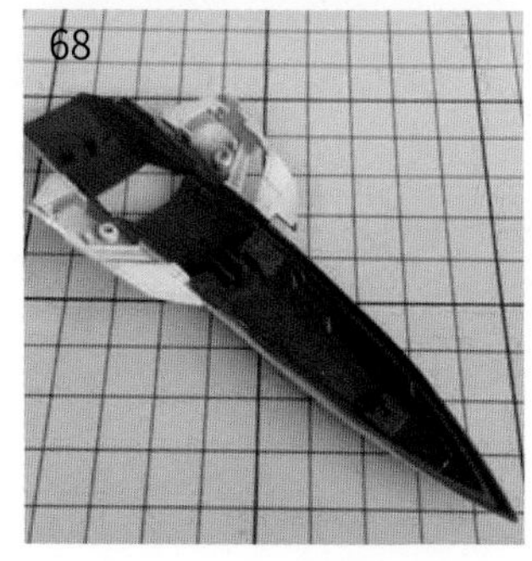
68

69

在高达模型中，吉翁的机体有很多袖章型的装饰条，如果通过遮盖涂装，遮盖的难度是非常大的，且有可能一不留神，遮盖溢边了就苦恼了；如果通过笔涂，笔痕又让你痛苦万分。

那么利用珐琅漆的特性，将袖章型装饰条先涂装好硝基漆，随后整体覆盖珐琅漆，使用擦拭的方式慢慢将袖章型装饰条给擦拭出来（如图 71~ 图 74），既方便又美观，且易于操作。如果担心珐琅漆伤害硝基漆漆面，可以涂上一层薄薄的光油保护漆作为间隔。

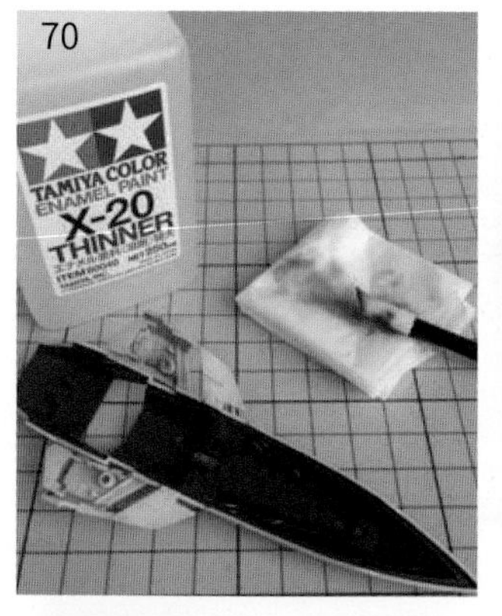

70

71

72

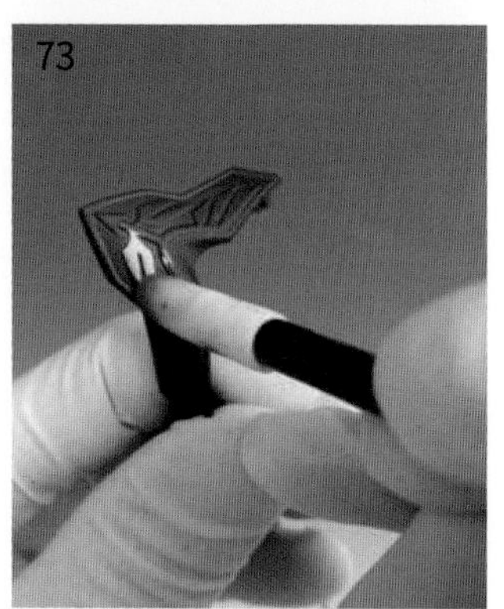
73

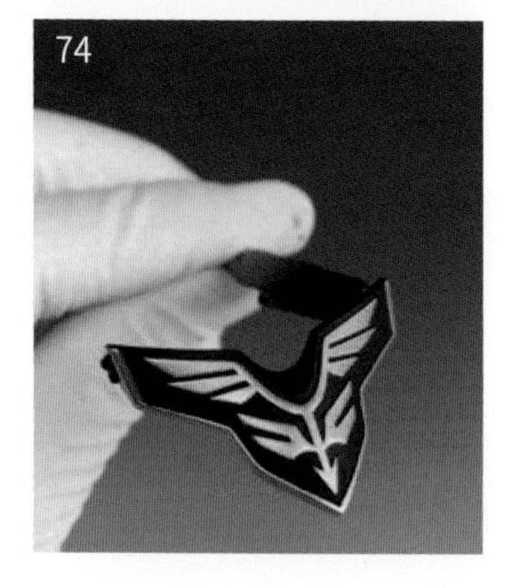
74

2.6　渗墨线的技巧

问：什么叫渗墨线？

答：渗墨线使用深色与浓度较稀的模型漆渗入零件上的凹线内部，借此增强零件的线条感。

问：渗墨线应该怎样做？

答：较为方便的做法就是使用高达专用描线笔，有油性与水性之分，直接沿着凹线笔画上去即可；而最常被使用到的是田宫渗线液或珐琅漆，这里也主要针对此做法详细讲解。

首先了解一下渗墨线的主要工具（如图 75），高达专用描线笔与渗线笔只要直接沿着凹线描线即可，出界的地方可以用手搓或者橡皮擦清除，因此本章着重讲解田宫专用渗线液的操作方法，以下简称渗线液。渗线液的主要成分是珐琅漆，出厂前已被稀释成渗墨线的合适浓度，购买回来直接使用即可，还自带笔头刷子（如图 76）。作为消除涂料溢出的工具（如图 77）。其他还有田宫珐琅漆稀释剂 X20、专用擦拭工具或棉签。

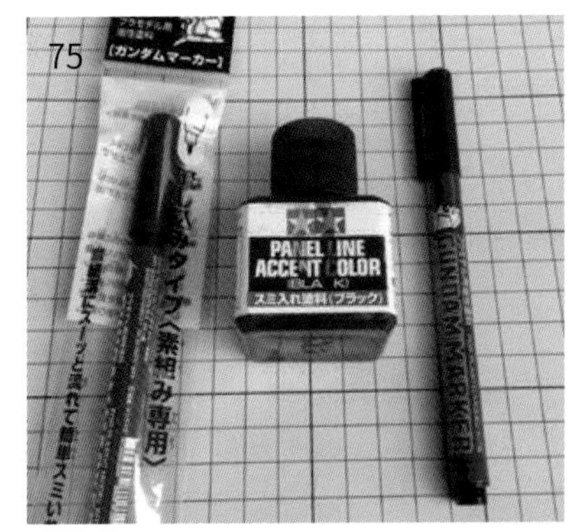

75

76

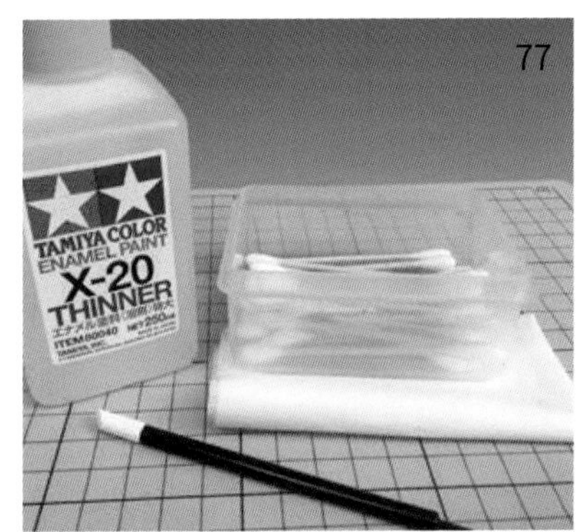

77

操作过程用步骤来进行描述：

（1）使用前，要先摇匀渗线液里面的油漆，然后拧开瓶盖，将笔头刷子的油漆在瓶口位置刮几次（如图 78），以防笔头刷子沉淀的渗线液浓度过高，影响渗墨线效果，也以防笔头刷子的渗线液量过多，滴到零件上，如果过多的稀释液渗入到零件内，有可能会导致饼干化或脆化。

（2）笔头刷子留适量渗线液，轻轻点在零件上（如图 79），渗线液会自动顺着零件的凹线流动，笔头刷子不需要一接触零件就马上拿开，因为笔头刷子上端是有存液管的，可以稍微观察渗线液流动的情况，等到不流动的时候再拿开，总之让渗线液贯穿凹线就可以了（如图 80）。

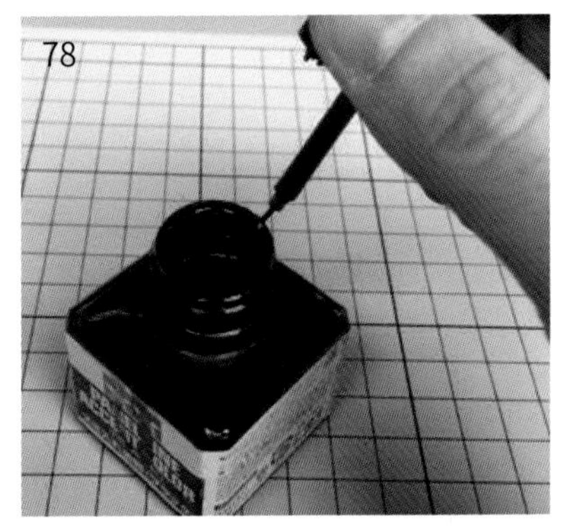
78

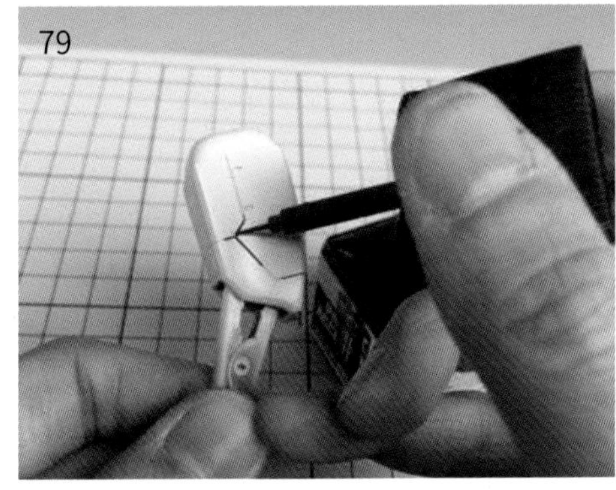
79

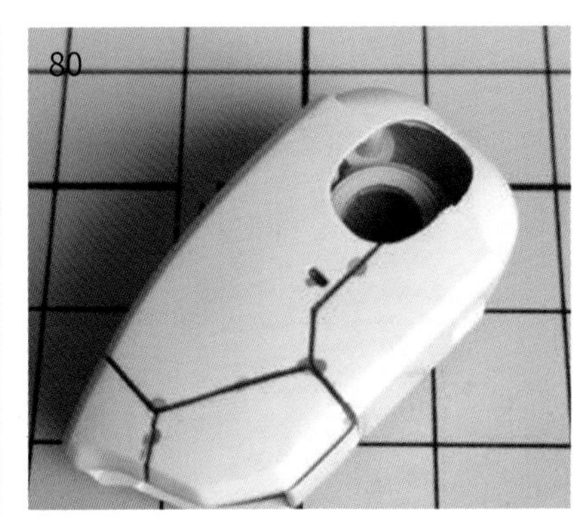
80

（3）等渗线液干透后，使用棉签或专用擦拭工具蘸取田宫 X20 对溢出的地方进行擦拭，X20 的剂量与渗线液一样，要注意不能过量，擦拭零件前，用纸巾吸去多余的溶剂（如图 81），再小心地将渗线液溢出的地方擦拭干净（如图 82），以防过于用力伤害到漆面。

81

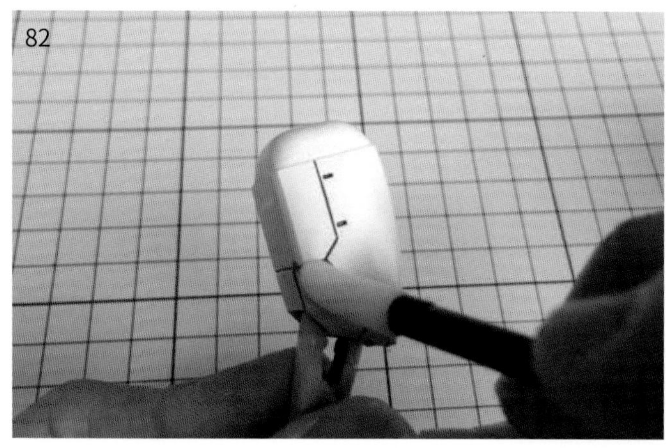
82

经过以上三个步骤，可以看出经过渗墨线处理的零件轮廓与层次感都得到了相应的提升（如图 83）。

这里再分享点实用小技巧，渗线液笔头刷子的下笔位置尽量避免零件的折面角位（如图 84），往往这些位置附着的漆量较少，且擦拭时易于把角位的渗线液给擦拭掉，给修补带来麻烦，那么选择下笔的位置应选平面、易于擦拭溢出和零件组装后不明显的地方（如图 85~ 图 87），这样操作就既美观又省力。

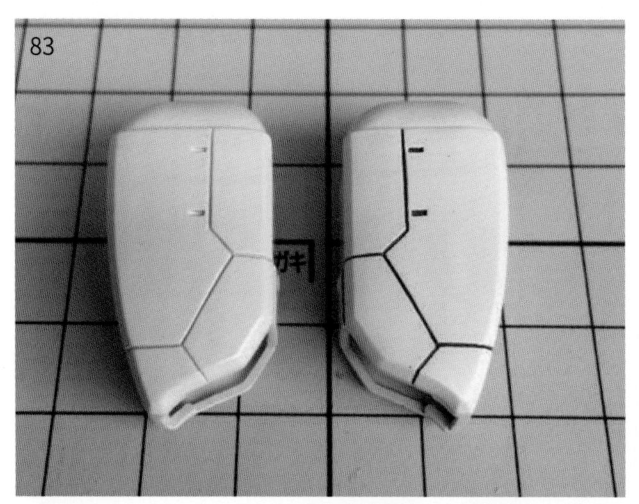
83

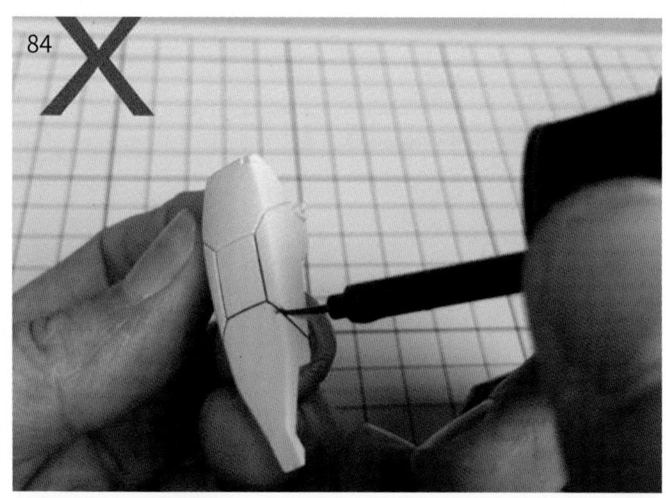
84

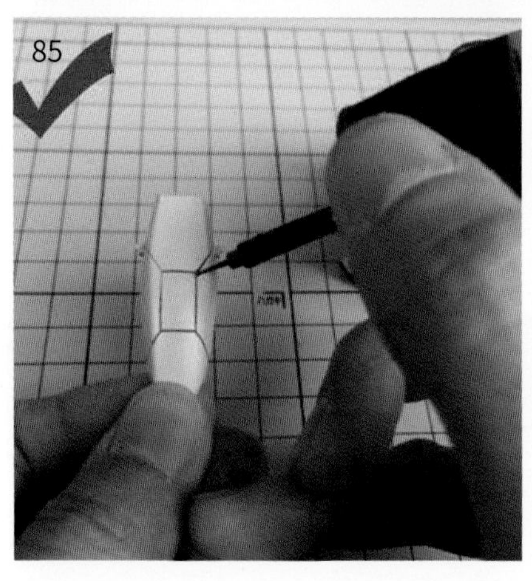
85

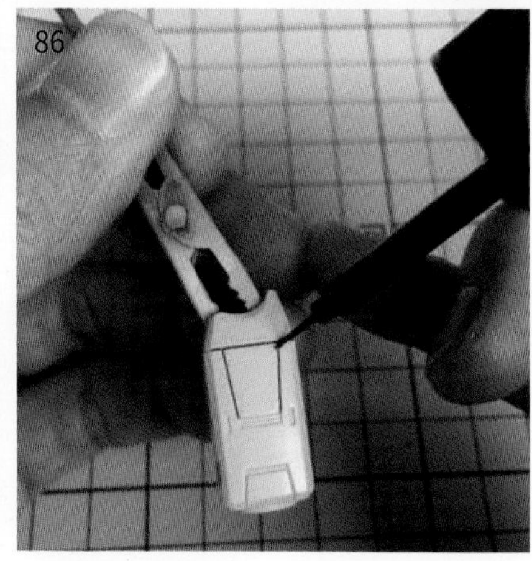
86

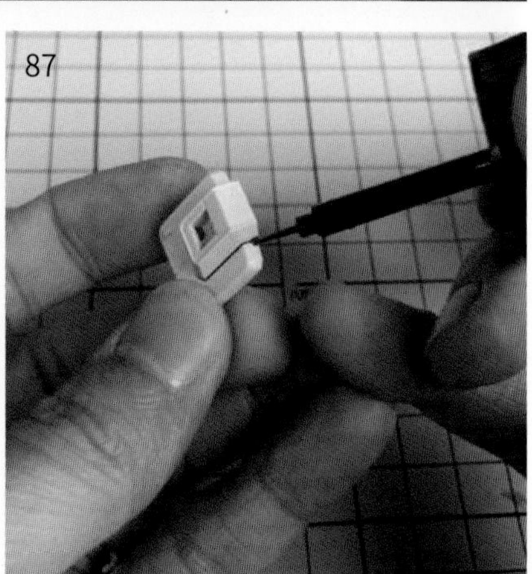
87

渗墨线时千万要避免有一色走全的误区，要想使整体效果更加和谐美观，不同的零件颜色就要采用相对应色系的渗线液颜色（如图 88）。田宫的渗线液颜色只有黑色、浅棕色、深棕色这 3 种最被广泛使用的颜色，如果有更多的颜色需求，可以使用田宫珐琅漆，以 1∶3 或 1∶4 进行稀释（如图 89），也可以达到渗墨线的需求，想当年没有专用渗线液的时候，前辈们都是这样子操作的。

最后展示一下高达专用描线笔与渗线液的效果对比（如图 90）。左：高达专用渗线笔、中：田宫渗线液、右：高达专用描线笔。

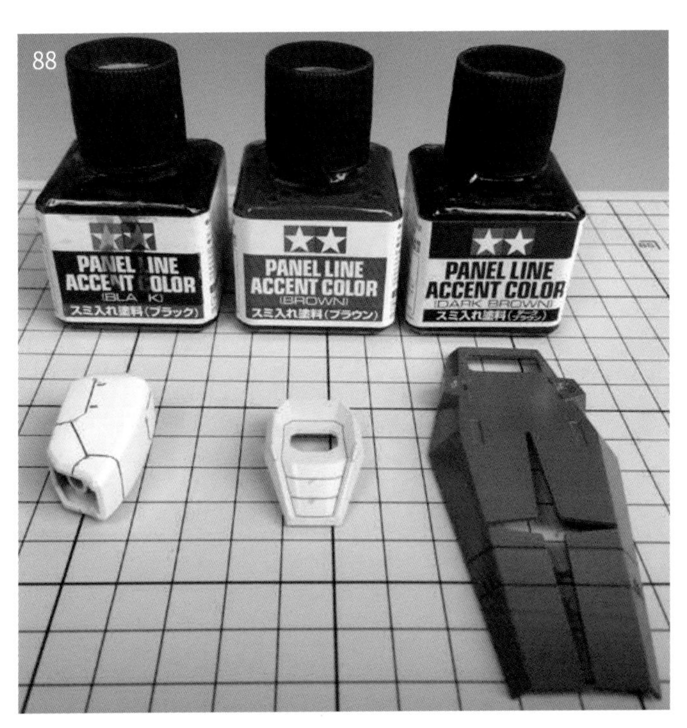

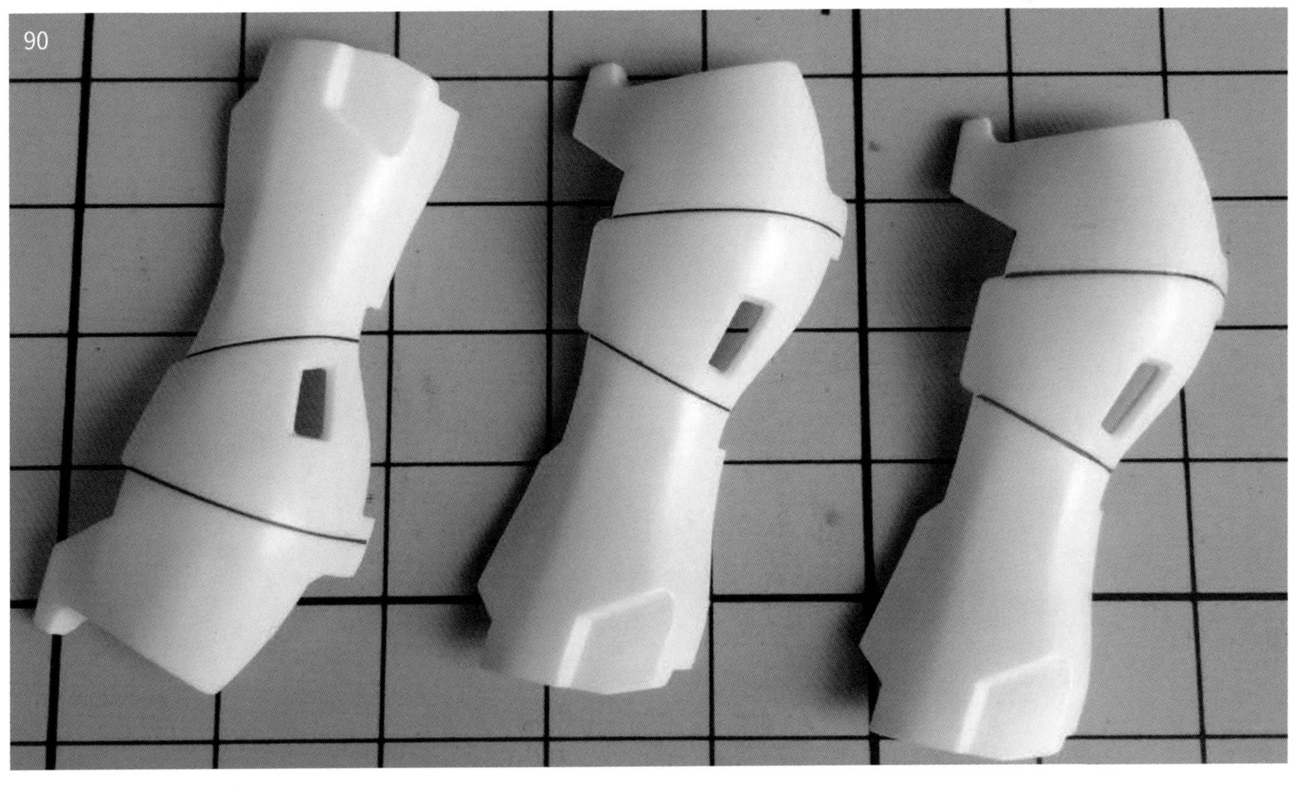

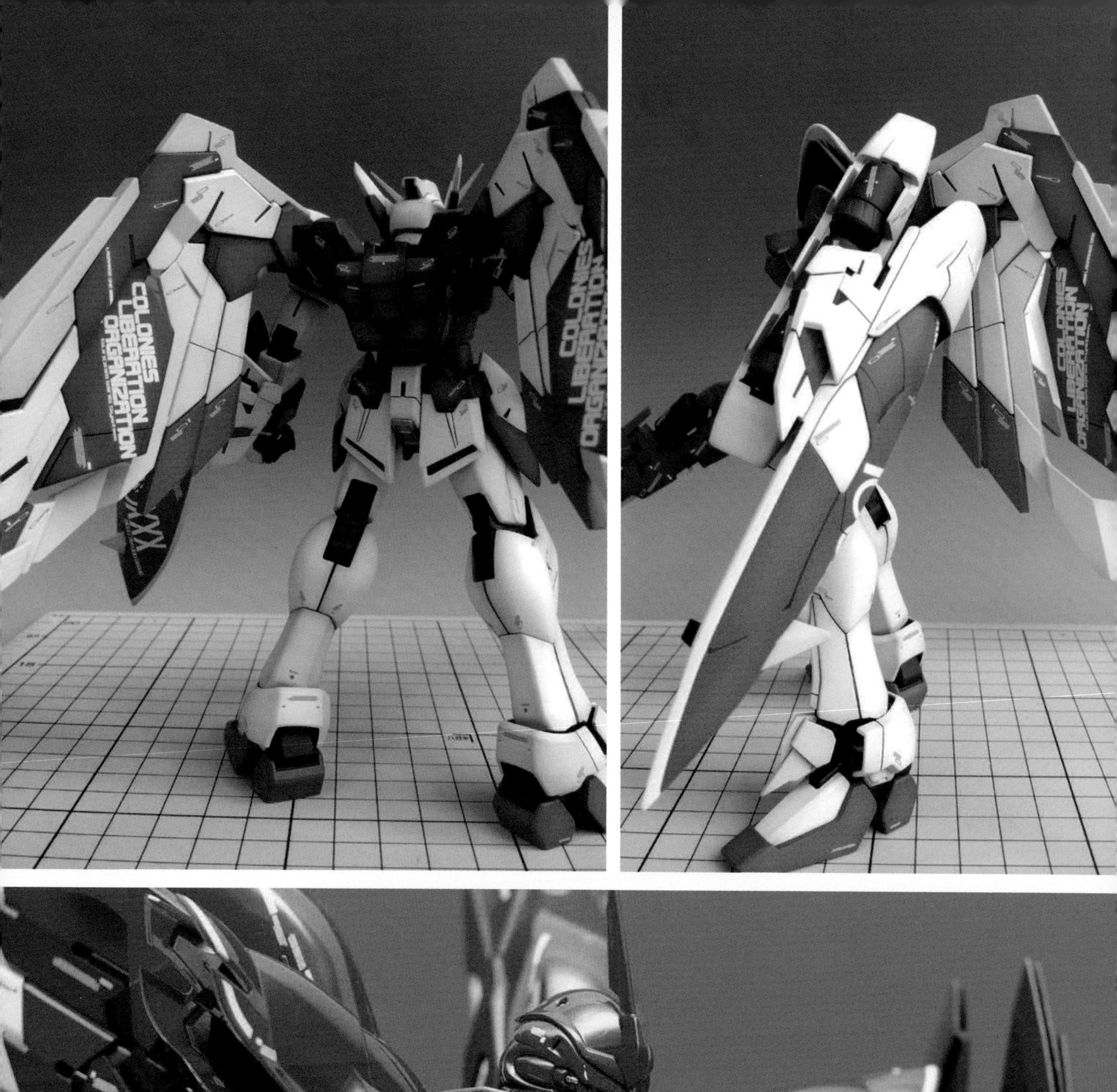
COLONIES
LIBERATION
ORGANIZATION

第 3 章
制作技巧的运用

3.1 遮盖的技巧

问：什么叫遮盖？

答： 遮盖指的是把不想上漆或不同颜色的部位用遮盖带或者遮盖液等遮盖工具盖住，保护好。

问：怎样才能掌握遮盖的技巧？

答： 笔者总结了 3 点经验：从易到难、从浅到深、从低到高。下面就针对这 3 点经验进行详细介绍。

在讲解遮盖的技巧前，先来讲讲遮盖最常用到的工具：遮盖带。在日常存放时，遮盖带的边缘部位很容易黏到灰尘或者毛发，在遮盖之前，必须先把遮盖带的边缘切出来，以保证分色边界的锐利（如图 1 和图 2）。

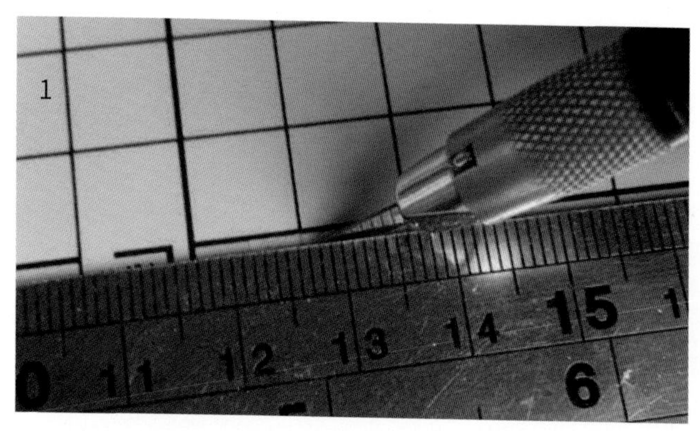
1

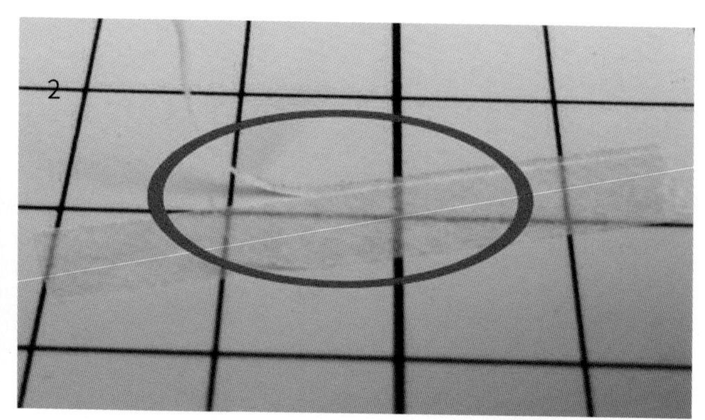
2

3.1.1 遮盖技巧一：从易到难

这里所说的从易到难指的是不论颜色的深浅度，遮盖的顺序难度从简单到复杂。

这里用了 3 个范例进行讲解。

范例 1，按照图片上零件的构想颜色共有三种：纯白、灰白、米白（如图 3）。先假设一下，虽然打底的颜色是白色，但如果涂装顺序是纯白 – 灰白 – 米白，白色部分所需的遮盖带会比较多，而且灰白、米白的分界线比较接近零件的 C 面，遮盖带容易翘边，溢漆的可能性会比较大，而图片中米白的颜色实际上比灰白色要深，所以选择的涂装顺序应该为灰白 – 米白 – 纯白，这样操作起来，遮盖带的使用量会有所降低且安全度提升。遮盖带属于耗材，别以为小小的浪费不是事，一台机体制作下来，所需的遮盖带量可能远远超出自身想象。

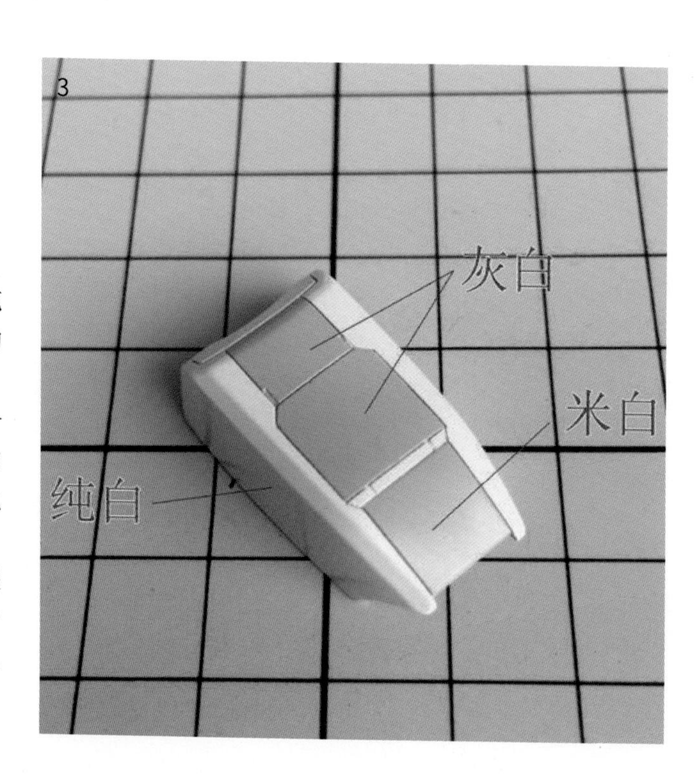

3

操作过程：为零件喷上补土与底色，按照已确定的涂装顺序优先喷涂灰白色。切一段遮盖带贴在零件上，用牙签对线条轮廓进行压画，对遮盖带的边缘线条增加了明显度，有效避免了笔刀切割出界的现象（如图 4~图 7），这里需要注意的是笔刀的刀片要保证锋利，如果需要用大力气才能切开遮盖带，很容易会导致遮盖轮廓不清晰，从而颜色分界不佳，更有可能会对零件造成损伤，这点是必须谨记的。与遮盖带的使用量不同，千万不要省这么一点刀片，而让自己付出的努力白费（如图 8、图 9）。

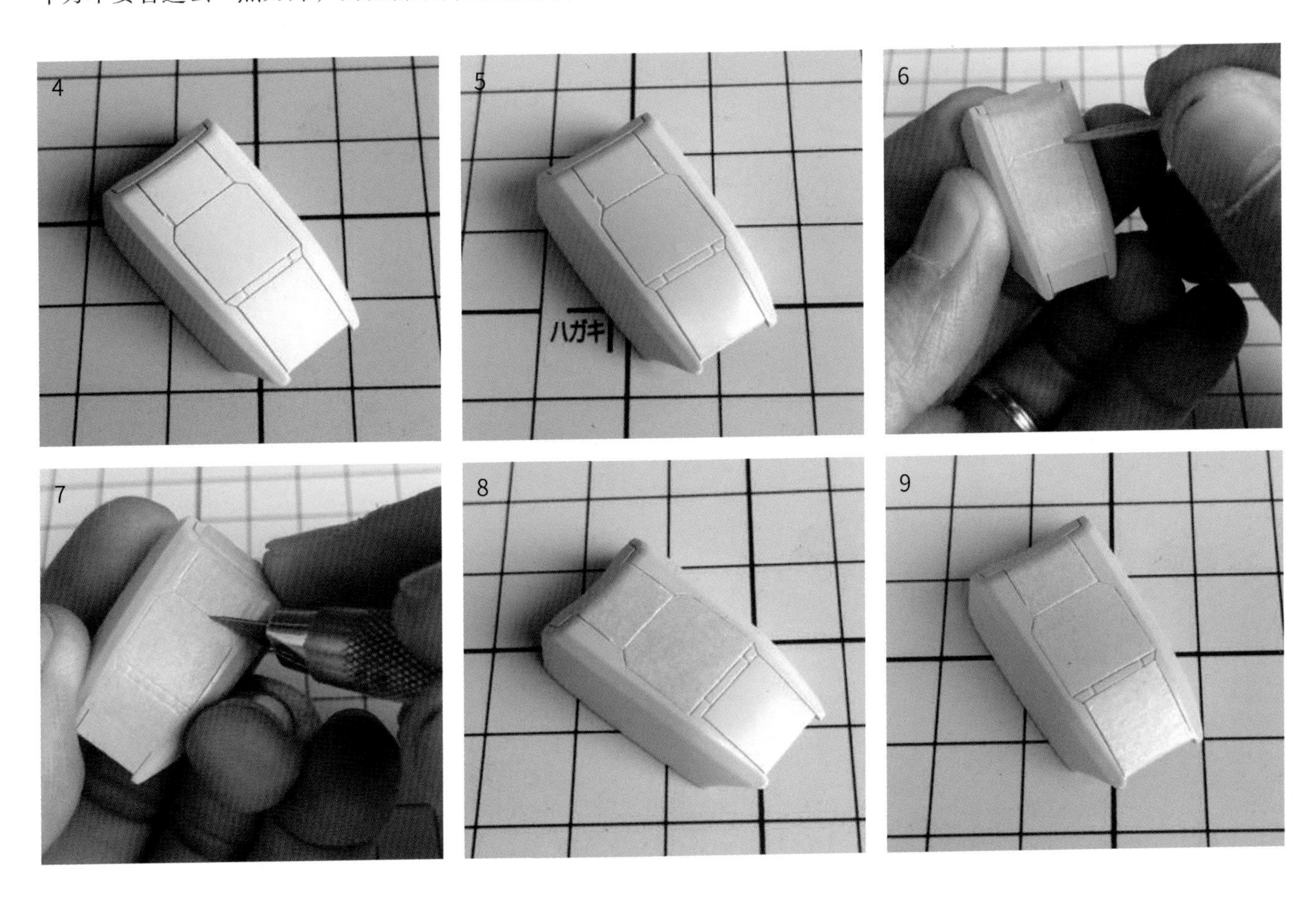

范例 2，范例零件虽然只有白色与灰色，但若红圈圈起来的部分优先处理的话，会给分色提供简便性（如图 10）。举个例子，如果先涂白色后再处理那红圈处的灰色，遮盖起来会异常困难，而且如何才能切除直径相等的圆形进行遮盖就成了艰难的问题，有种吃力不讨好的感觉。选择红圈部分的灰色优先处理，只需切出遮盖带围着一圈就行了（如图 11），之后再喷涂白色遮盖灰色（如图 12）。

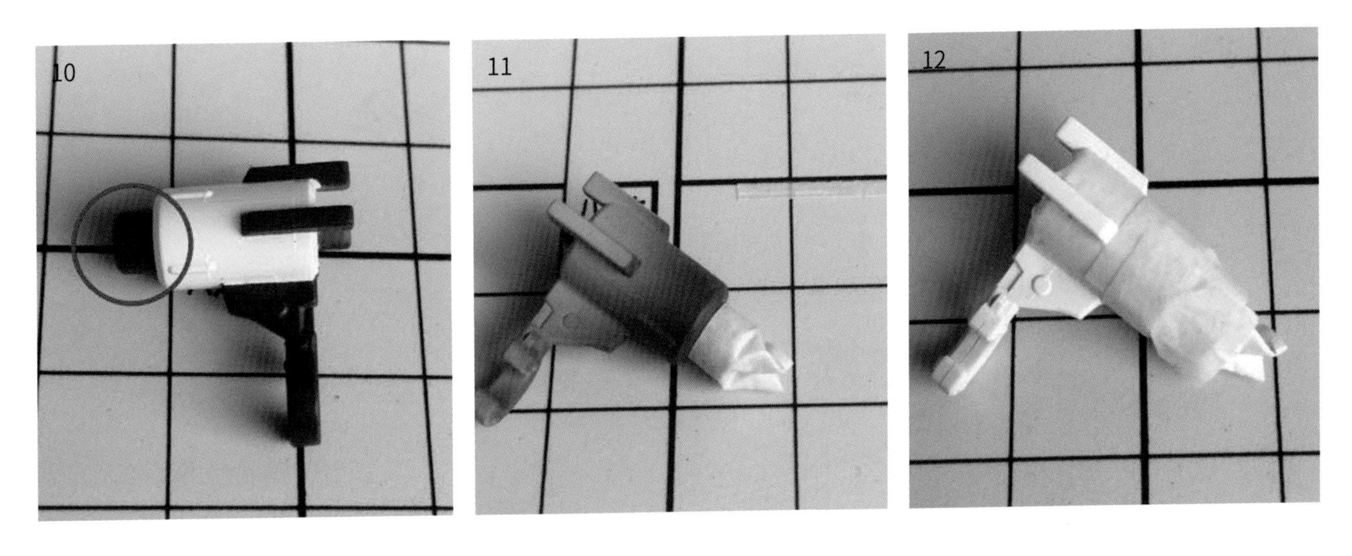

范例 3，范例零件上白色与红色的轮廓明显窄于灰色部分（如图 13），经过前 2 个范例的示范，得出上色顺序应为白色 – 红色 – 灰色。白色部分喷涂好之后，使用游标尺量好尺寸（如图 14），裁剪出适当的遮盖带宽度，直接按照轮廓贴上遮盖带即可（如图 15）。同时我们用牙签压一下让遮盖带更贴服零件（如图 16 和图 17），剩下的红色部分只要裁剪不超过白色宽度的遮盖带随意贴上即可完成遮盖工序。最后加上灰色就大功告成了。

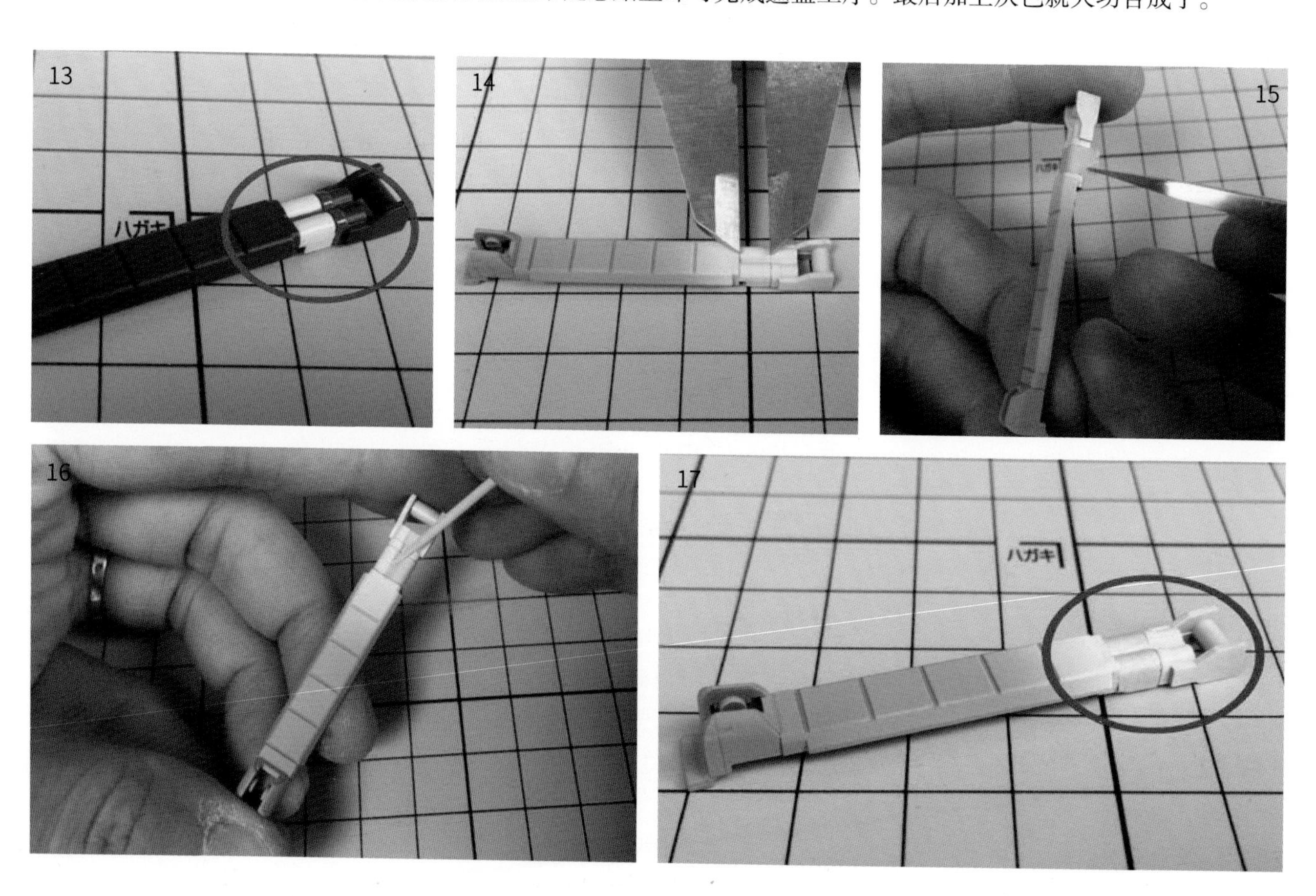

3.1.2 遮盖技巧二：从浅到深

“从浅到深”其实说的是喷涂顺序从浅色到深色进行。以图片中的零件为例，共有 3 种：浅红、深红、灰色。将上色的区域划分好（如图 18），浅红与深红的位置在同一表面上，灰色部分稍微有点凸出，那么就优先涂浅红吧。随后用遮盖带做遮盖再涂装深红，以此类推最后涂灰色（如图 19~ 图 22）。

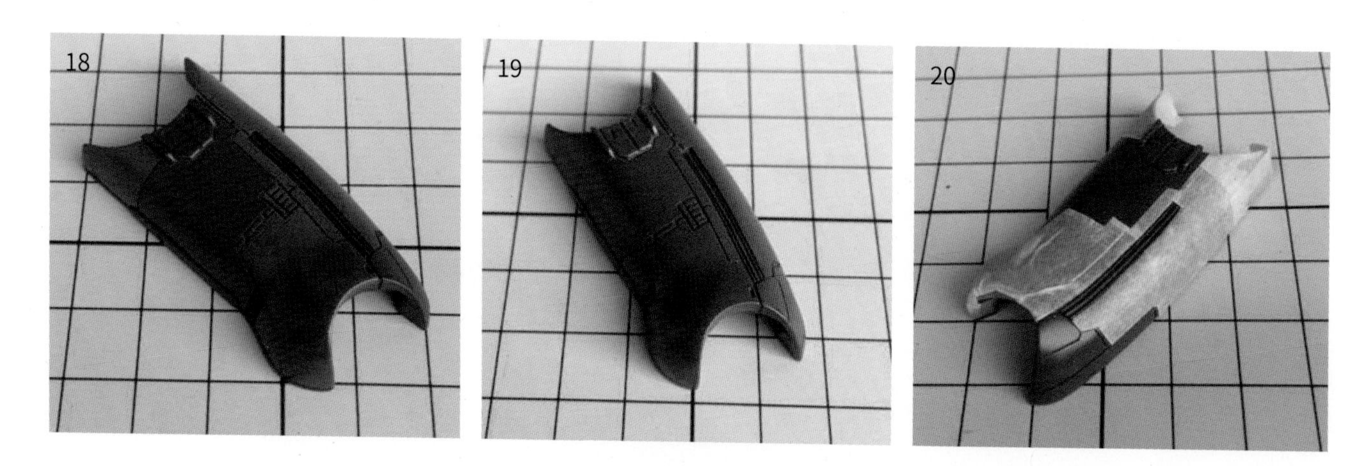

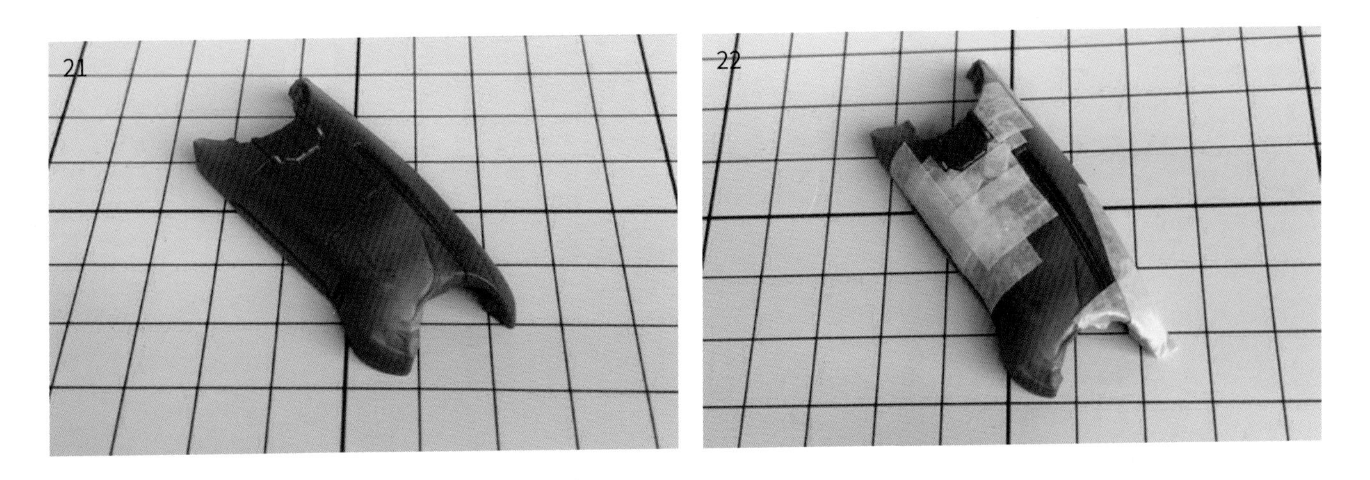

3.1.3　遮盖技巧三：从低到高

从低到高指的是遮盖顺序从零件的低位开始进行。范例零件的红色与灰色部位存在着一个高低差（如图 23），如果先涂红色，那么高低差的位置在操作上会带来非常大的阻碍，虽然说深色覆盖浅色易、浅色覆盖深色难，但起码把容易遮盖、失误风险小的灰色优先处理会较好（如图 24 和图 25）。另外，在涂红色的时候，记得要均匀打底。

需要遮盖的部分与外围攻存在着高低落差，如果从外围做遮盖，费时又费劲（如图 26~ 图 28）。

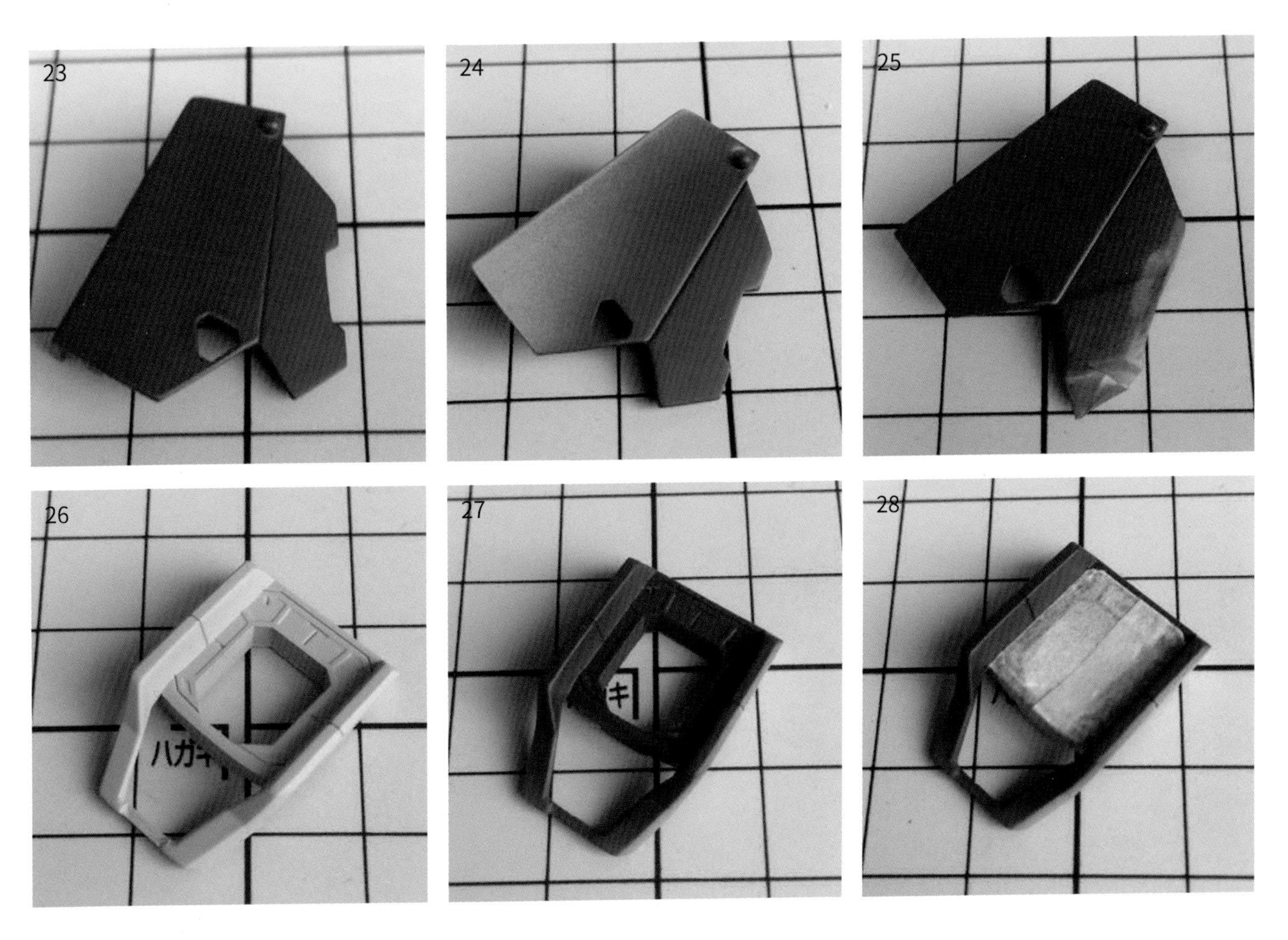

3.1.4 遮盖技巧四：活用工具

有时候，做遮盖处理可以活用一下模型自带的胶贴纸（如图 29~ 图 31），绝大多数情况下胶贴纸的尺寸是符合零件轮廓的，这大大节省了裁剪遮盖带的时间，方便快捷且能达到良好的遮盖效果。但需注意的是，有些胶贴纸不能完全遮盖要进行分色的表面，那么使用遮盖带或遮盖液辅助即可。

细心观察身边的工具，只要是符合用来做遮盖的，就可以使用。平常用来刻线的蚀刻尺也是一个很好的遮盖工具，不仅形状与尺寸多样，而且非常薄，通过简单运用，都可以做到良好的遮盖效果（如图 32~ 图 34）。

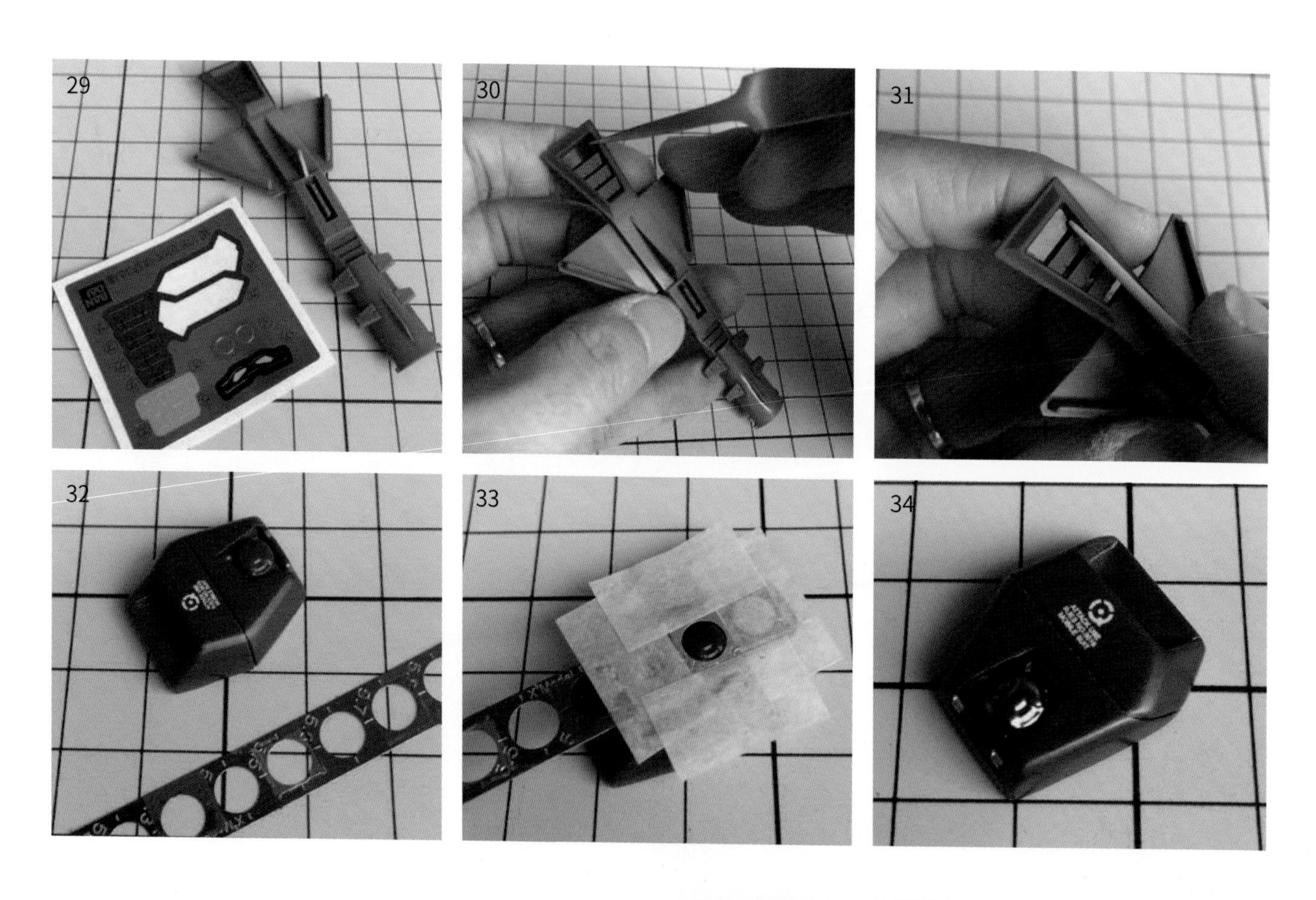

3.1.5 遮盖技巧五：使用纸片保护水贴

制作过程中有时候会遇到一个零件上同时拥有消光质感与金属质感的情况，意味着最后的保护漆不能一步到位，需要分开进行。已贴好水贴的零件，虽然有保护漆的保护，但遮盖带的黏力有可能会把水贴带走，因此就需要在水贴的位置放上一张小纸片加以保护（如图 35）。

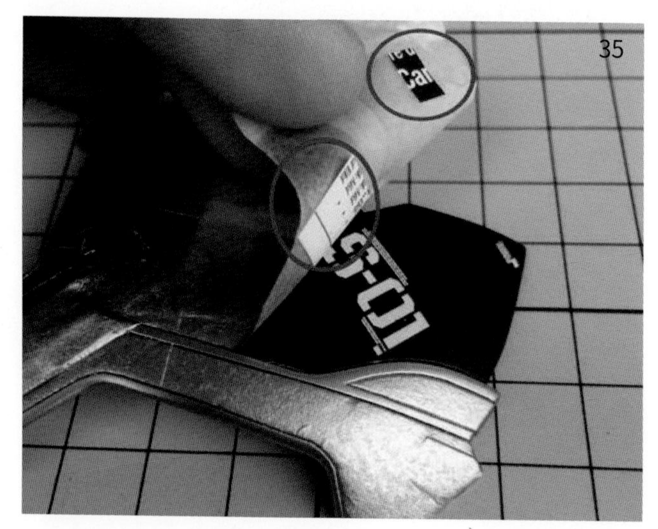

3.1.6　遮盖技巧六：遮盖液的使用

面对一些圆弧零件、坑洞细节或者多角多边的零件，遮盖带的使用会受到限制，那么这时候遮盖液就能弥补不足，且干燥后形成薄膜，可以进行裁切。

遮盖液的用法是通过笔涂到零件上，自带的毛刷过大只能大面积扫涂的时候派上用场，对于修饰边缘或分割线则换成面相笔操作会方便许多。如果在使用时浓度过大难以操作，可以混合清水稍微兑稀，特别对于一些细小坑位的遮盖，兑稀过的遮盖液能更容易填满坑洞，如果怕兑稀过的遮盖液干燥后形成的膜太薄达不到遮盖效果，那么可以稍微涂上几层加以保护（如图 36 ~ 图 38）。

最后补充一下，做遮盖工序时，涂装必须薄喷多层，避免追求一次覆盖。特别是浅色覆盖深色时，控制好漆面的厚度，不然撕开遮盖带，漆面的高低落差容易让人心碎。虽说可以用 1500 或 2000 砂纸稍微消除一下，但也很容易伤害到原来的漆面，小心操作总比事后补救来得更加可靠。

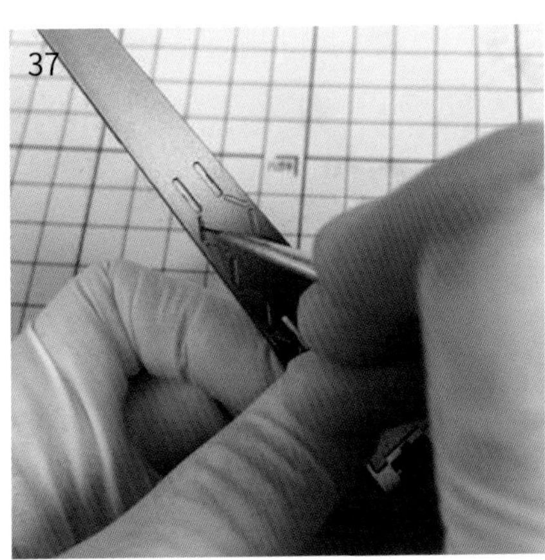

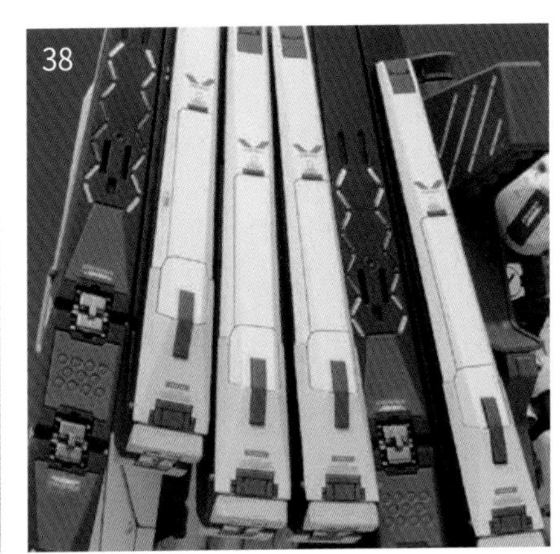

3.2　贴纸的使用

问：贴纸有哪些？

答：一般高达模型配备的贴纸有胶贴（包含补色胶贴与标志警示胶贴）、转印贴（俗称刮刮贴）和水贴。

问：这几种贴纸应该怎样使用？

答：本节将为您解答。

3.2.1　胶贴

胶贴指的是图案印刷在透明胶片或者铝箔胶片上，背后附有黏胶的贴纸。

优点：用起来方便，只需取下直接黏贴在零件上即可。

缺点：胶贴本身不具有伸缩延展性，只适合在平面上黏贴，无法黏贴在复杂的曲面上。

高达模型中的两种胶贴如下：

补色胶贴，顾名思义就是为了弥补套件中无法表现模型原设颜色的贴纸，一般只需按照说明书上的指示进行黏贴即可。

警示标志胶贴，算是高达模型中不可或缺的一种装饰贴纸（如图 39），用时只需用笔刀尖轻轻翘起胶贴（如图 40），因为带有背胶，所以只需笔刀尖就能稳住贴纸。黏贴在零件前可先轻轻粘一点水（如图 41），以防胶力过大导致调整位置难，对好适当的位置后，使用棉签滚动（如图 42），除了将多余的水分吸走外，还可以让贴纸更服贴。在这类胶贴中，虽然周围压印了切割线，但留白得透明边缘很大，可以在黏贴之前根据警示标志的轮廓把多余的白边裁剪掉（如图 43），黏贴后的效果确实会比未经裁剪直接使用的胶贴效果美观多了（如图 44）。

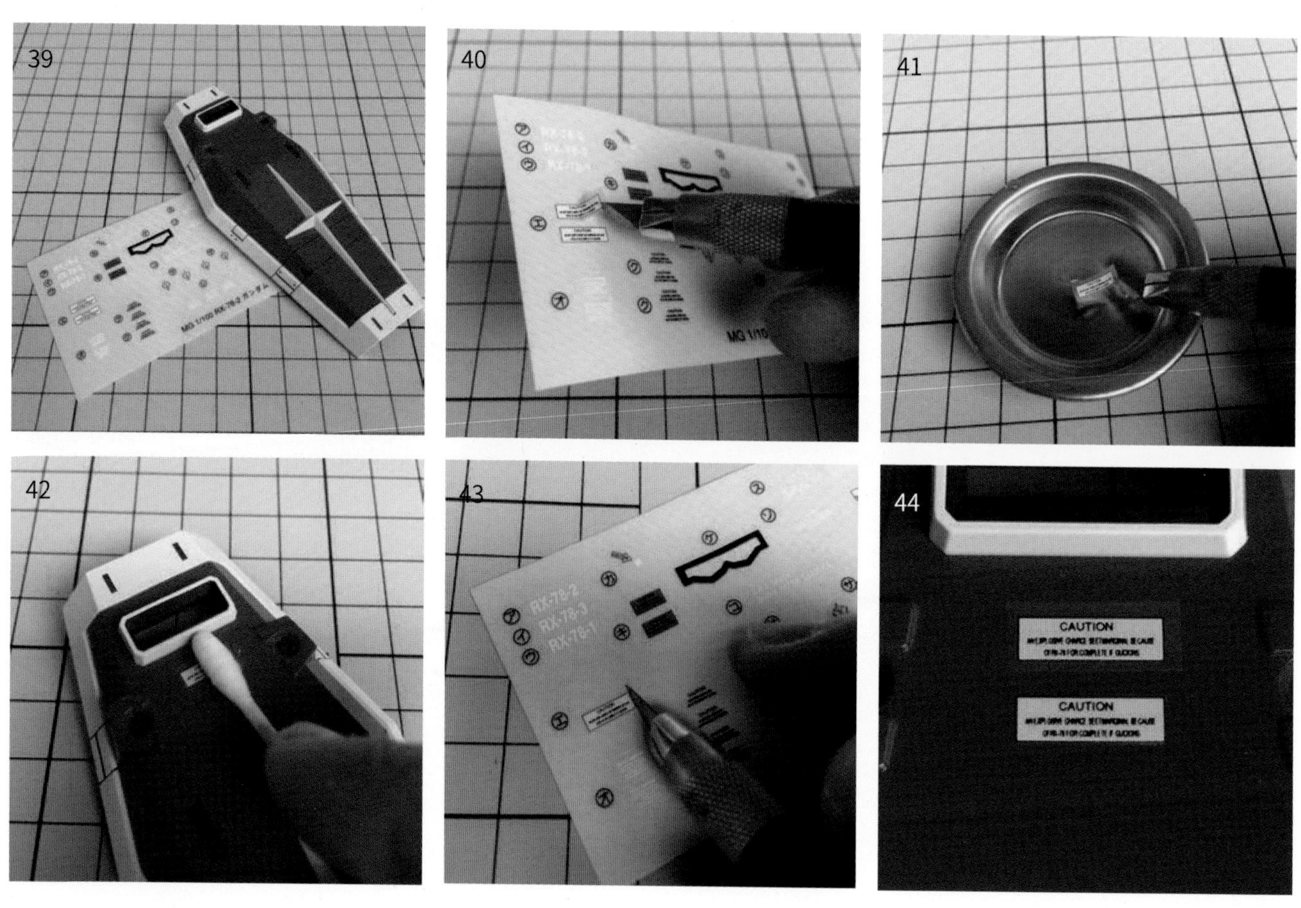

3.2.2 转印贴

转印贴又称为刮刮贴，是把图案印在透明胶片的背面、通过刮擦表面把底下的图案压印在模型上的贴纸。

优点：贴纸厚度薄，透明边缘少。

缺点：操作上有一定的难度，失败率高，一旦黏贴，无法修正。

转印贴底下有一张底纸保护，在操作的时候，将所需要的标志贴纸连同底纸一并剪下来（如图 45 和图 46），以防黏贴前转印贴受到损伤或者黏到灰尘，由于之后要用刮擦的方式黏贴到零件上，因此周围要预留多一点透明边（如图 47）。黏贴前用镊子小心放在黏贴的位置上（如图 48），用胶带贴在转印贴上面固定住，以防刮擦时移位（如图 49），当位置固定好后，使用指甲、面相笔末端或任何圆头的东西开始刮擦（如图 50），在刮擦完成后，转印贴会由于紧贴零件表面而颜色有所变化，可以以此作为转印成功的依据。刮擦完毕之后，不要急着一次性取下转印贴表面的胶片，尽量小心，动作放慢，一边撕胶片一边确认贴纸有没有贴好，如果发现有部分贴纸残留在胶片上，就把胶片放回原位继续刮擦。当黏贴之后发现零件上有转印贴的胶残留时，可以使用原来的转印胶片以轻轻按压的方式清理（如图 51 和图 52）。

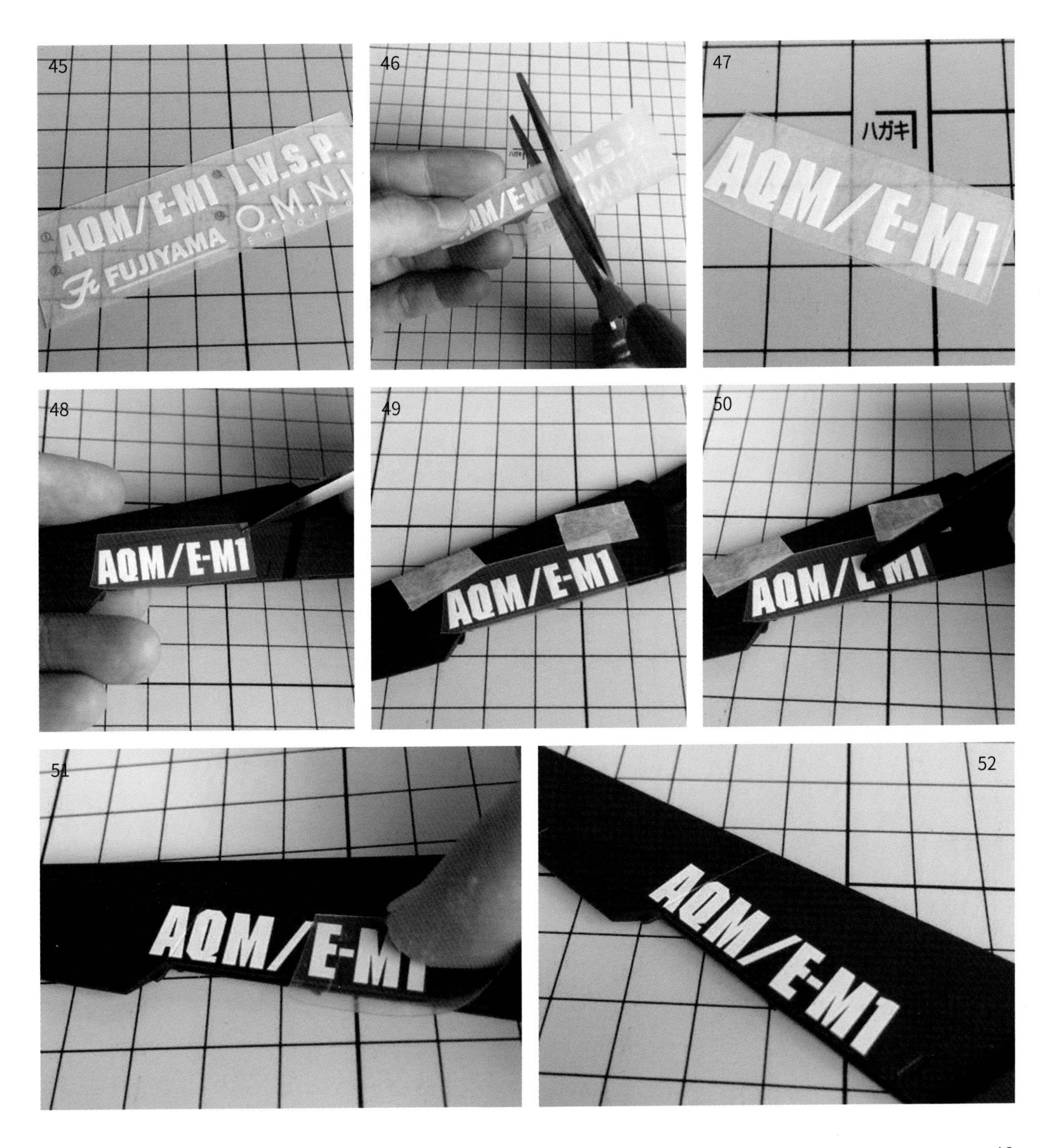

如果想将贴好的转印贴纸撕掉，只要贴上透明胶，在表面摩擦一下就可以撕掉了。如果有残留，使用药用酒精擦干净即可。

如果想用转印贴排列成自己想要的数字或文字时，用胶带将剪下来的转印贴排列好，依靠胶带统一黏贴到零件上再进行刮擦。

3.2.3 水贴

水贴把图案印制在表面有水溶性糨糊的底纸上，只要一泡水，糨糊就会溶解，造成图案脱离底纸浮于水面上，黏贴时，只取用脱离底纸的薄薄的图案。

优点：厚度适中，可调整位置，张力大，可以贴附于各种造型的表面上。

缺点：将优点发挥到位，需要一定的技术技巧，需要花时间好好掌握。

高达模型并不是每一款都会配备水贴的，很多机体都需要另外购买。要想还原官方设定，就要使用专用的水贴（如图 53）。

操作时将想要的图案剪下来，用镊子夹起放水里泡一会儿（如图 54），随后放在桌面上静置一段时间，图案就会与底纸分离了（如图 55）。不建议把水贴一直泡在水里，不然图案与底纸分离后，在于水的张力容易在夹起图案时导致图案折在一起。且有一些特殊图案与底纸分离后难于移到零件上，所以转移水贴图案时，将底纸一并放在零件上（如图 56），缓慢且轻轻地将图案移到零件上，慢慢取走底纸，使用湿润的棉签移动水贴到适当的位置上。

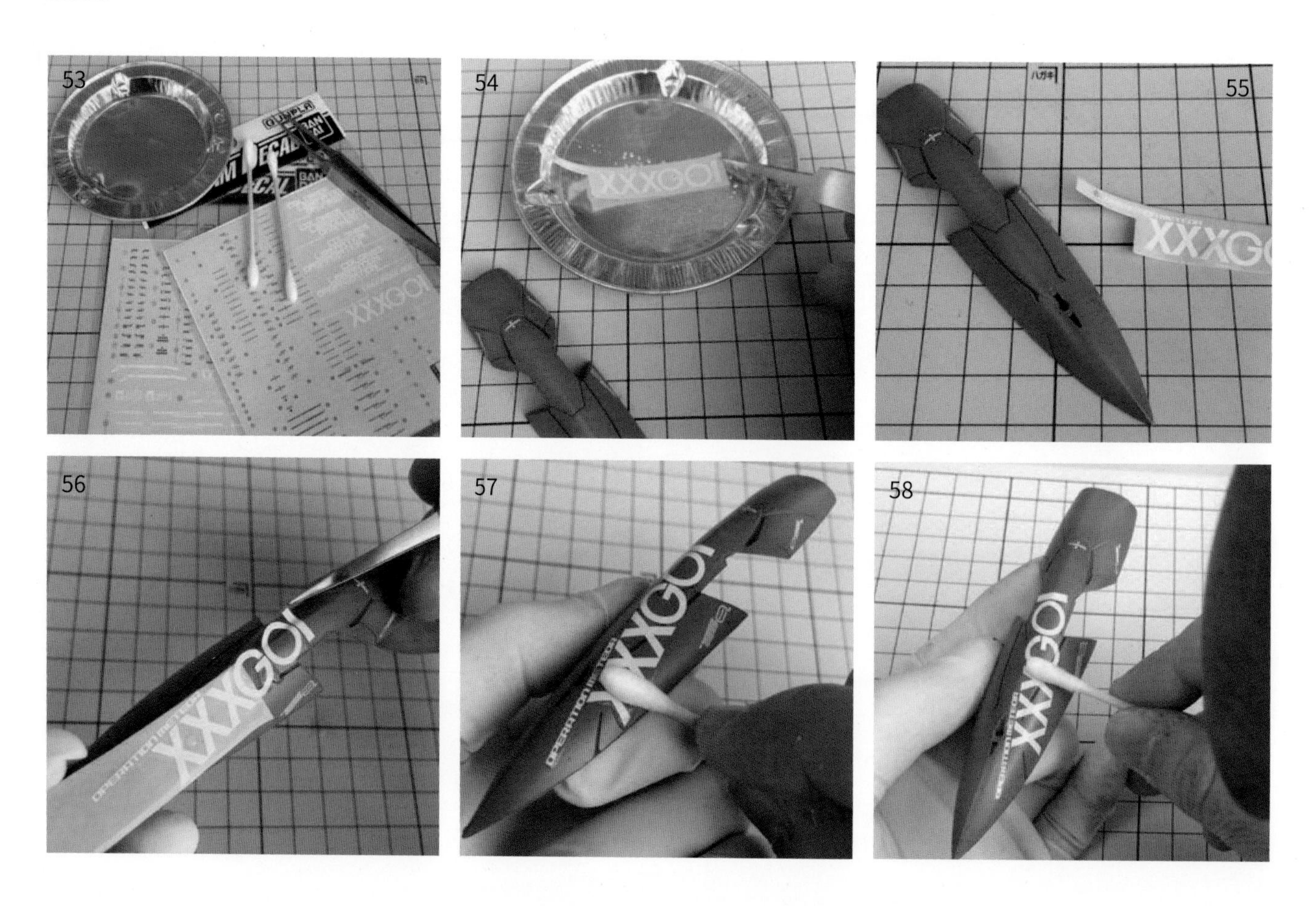

定好位置后，使用干头棉签以滚动的方式把水贴多余的水分吸走（如图 57），在这个过程中最好是保持一个方向进行。如遇到水贴覆盖面有刻线或者高低落差位的，可以利用吹风机的暖风辅助（如图 58），这样做可以让水贴软化并进一步黏贴在零件上，但别靠太近，防止吹风机的热风把零件热溶变形，当然也可以使用热的毛巾敷一下水贴得到这种效果。只是担心水贴数量较多，热水需要一直保持着温度就显得有点不方便了。

水贴是否完全黏贴在零件上，可以通过观看表面的白化现象进行判断（如图 59）。如果出现白化现象，就代表水贴与零件之间还有空隙，那么使用绿盖水贴软化剂在水贴表面涂一层（如图 60），让水贴自然吸收水贴软化剂，在发挥作用时，水贴会变软、变皱且白化消失（如图 61），然后用微湿头的棉签（如图 62），这里一定要注意，必须是微湿头的棉签去将多余的水贴软化剂以滚动方式吸收掉。因为涂过水贴软化剂的水贴表面带黏性，干燥头的棉签会在滚动的时候把水贴黏起，且由于水贴已变软，不能再放回原位上；而湿润头的棉签则不能吸收多余的水贴软化剂。

多练习熟练水贴的操作，水贴带来的效果相当美观（如图 63），但千万别忘了给水贴表面喷上一层保护漆。喷涂保护漆前，先静置 12 小时以上，以保证涂过水贴软化剂的水贴完全干透，且用水稍微冲洗一下零件表面的灰尘与棉签毛残留（如图 64）。可以放心的是完全帖服并干燥的水贴是不怕被水冲走的。

经过保护漆涂装后，感觉图案像是直接印在了零件上（如图 65）。

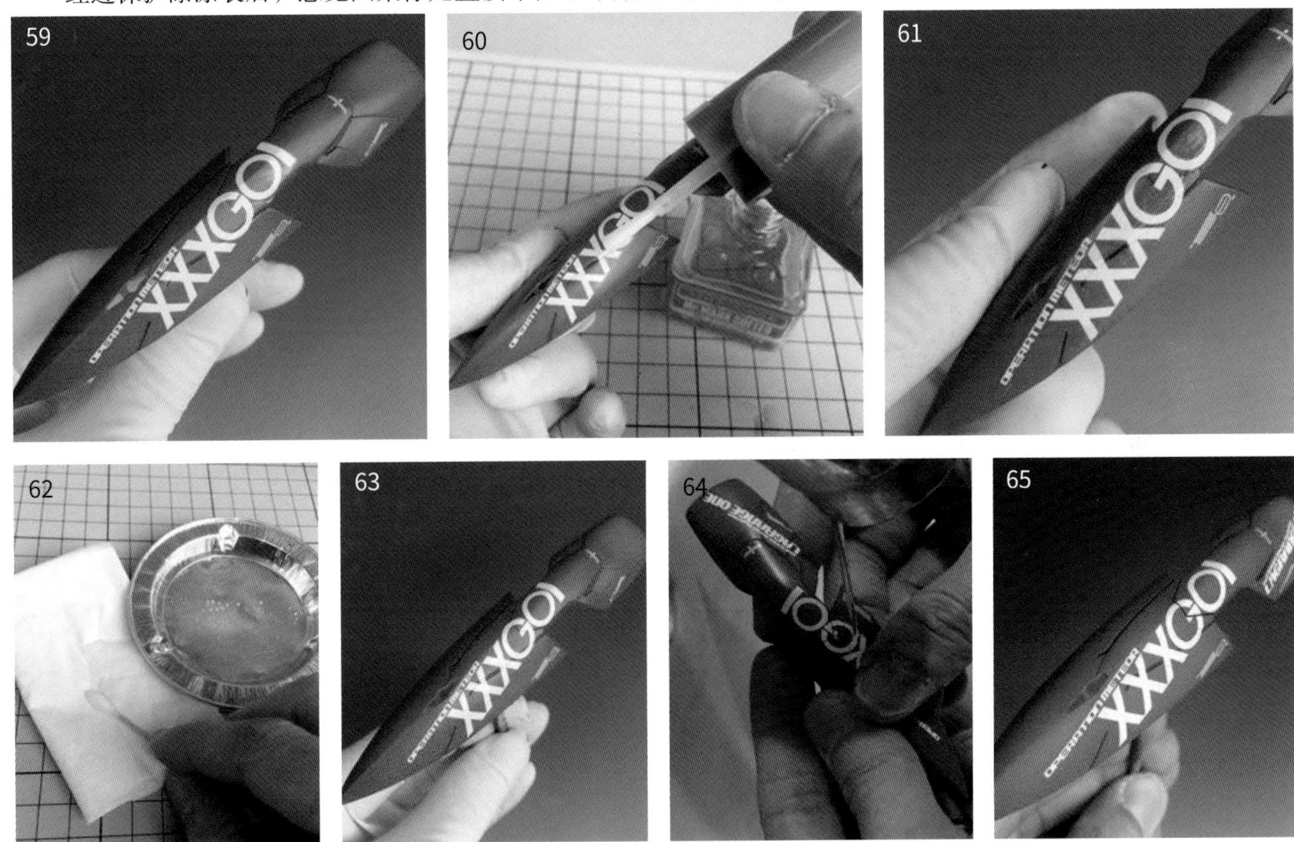

3.3　辅助细节的提升

3.3.1　蚀刻片细节的添加

蚀刻在模型制作中占有比较重要的地位。其精细的尺寸与图纹形状多样，体现出的效果是难以被取代的。

常用到的蚀刻片多为散气孔、散热片、螺丝等图纹，都能为高达模型整体效果增添不少细节，且随着技术的发展，现在市面上的蚀刻片基本免裁剪，只要撕开表面膜，用笔刀轻轻翘起，即可使用（如图 66~ 图 68）。

使用时，由于蚀刻片尺寸过于精细，可以在一支竹签头部绕一圈双面胶，就能黏起蚀刻片上的瞬间胶；用尖头棉签把蚀刻片底部多余的瞬间胶吸走，就能轻易地按在零件上。只要胶水干透了，缓慢地拿开竹签，操作起来既稳当又简便（如图 69 ~ 图 71）。但操作时要控制好瞬间胶的量，太少，不能黏紧蚀刻片，竹签拿开时把蚀刻片也一并带走了；太多，瞬间胶会被挤出，污染到零件表面。

如果把蚀刻片上面凹陷的细节涂黑，细致度会更上一层（如图 72）。

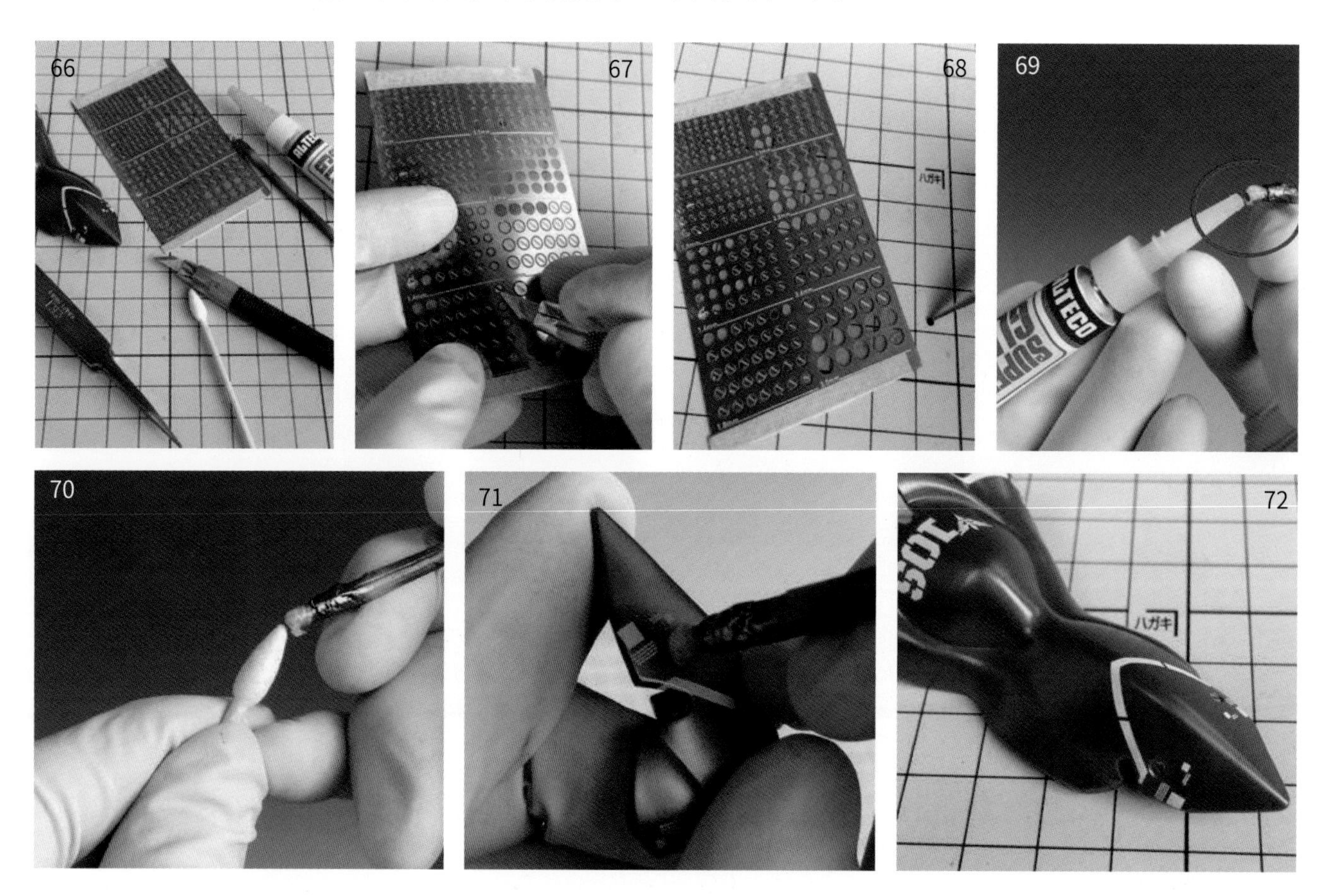

3.3.2 金属件的添加

金属件的添加在高达模型制作中是最直接、简单的提升细节之法，协调的搭配会增强不少模型的整体效果，只需在市面上购买回来，按照对应的尺寸使用手钻钻孔安装即可（如图 73 ~ 图 77）。

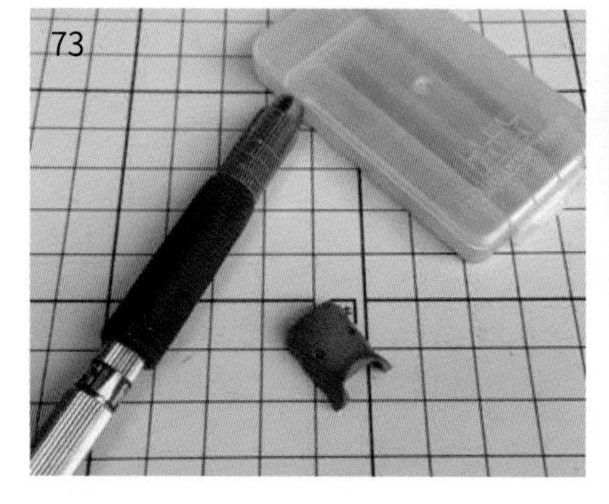

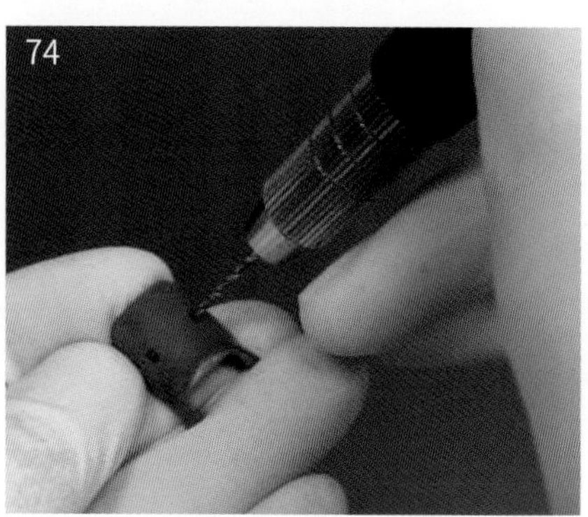

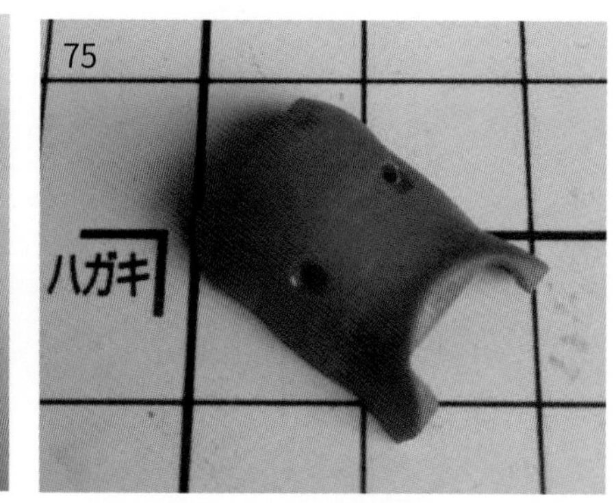

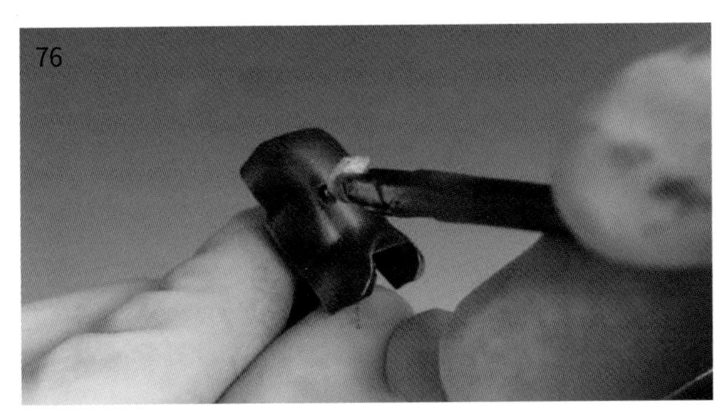
76

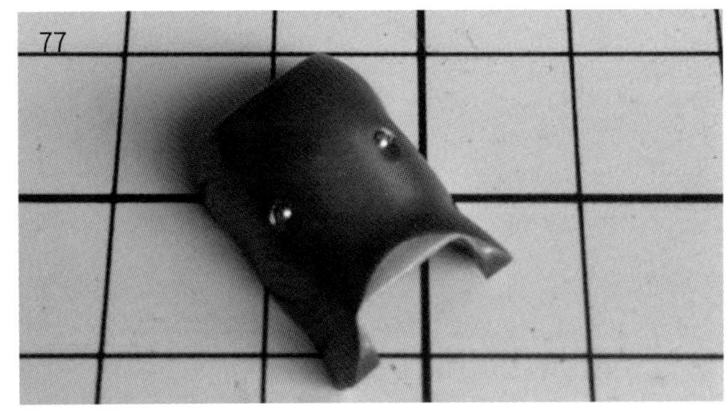
77

将机体的喷口换成金属喷口也是兵家常事。虽然说直接将原来连接喷口的卡准剪掉，钻孔装上就行，但是有部分地方需要考虑到外甲的安装。外甲的卡准有可能在组装后阻挡着金属喷口的卡准，那么就把外甲装上再一并钻穿，以保证金属喷口的顺利安装（如图 78 ~ 图 81）。

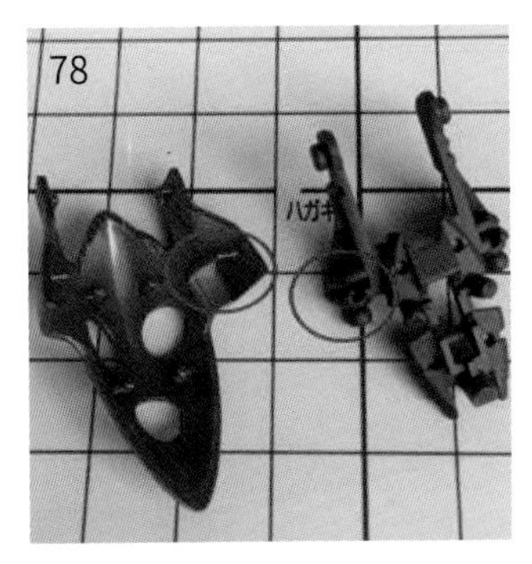
78

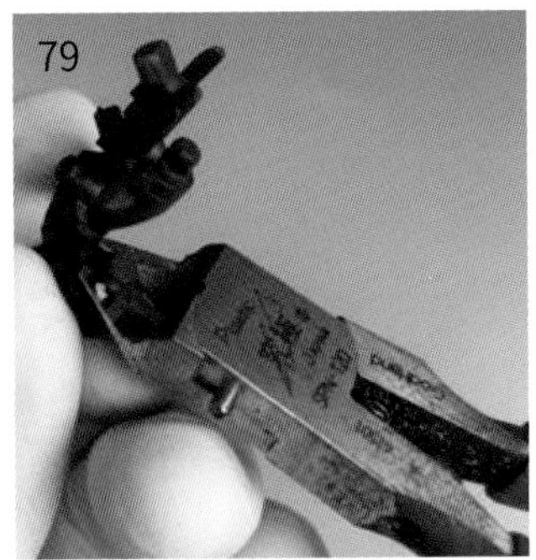
79

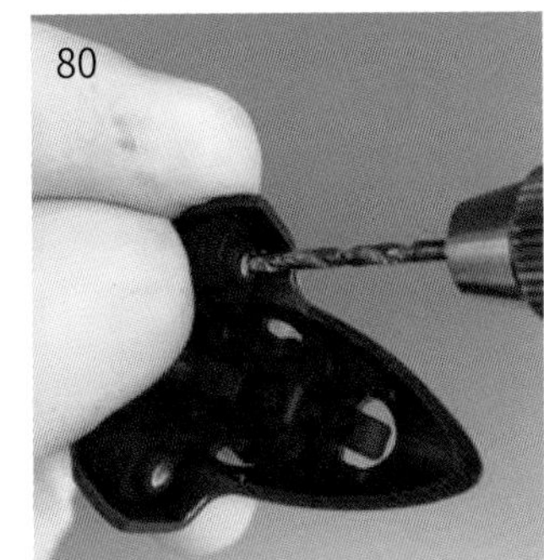
80

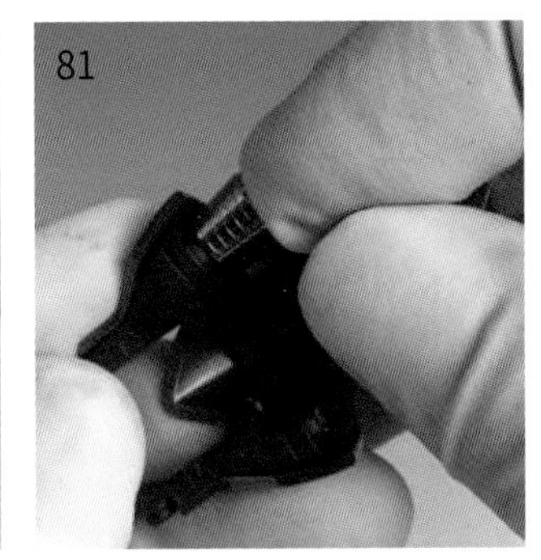
81

3.3.3　反光贴的运用

高达模型中监视器与瞄准器的出现频率比较高。使用模型配套的胶贴进行张贴，效果虽然亮丽但缺少立体感；如果进行喷涂，颜色可以随意选择，但反光度又相对较低。通过使用市面上购买的儿童贴纸或者反光贴纸，就能有效地解决以上问题且价格便宜，颜色也五花八门。

儿童贴纸的形状与尺寸大致能应付一般的制作需求，操作简单，只需用笔刀翘起贴纸放到零件上就可以了（如图 82 ~ 图 83）。

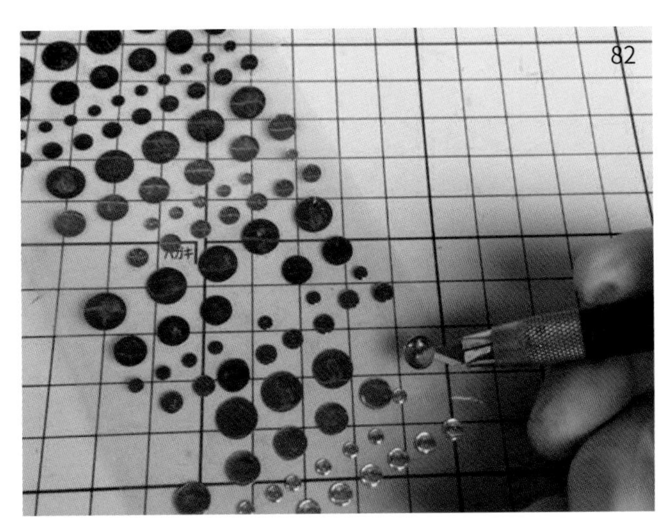
82

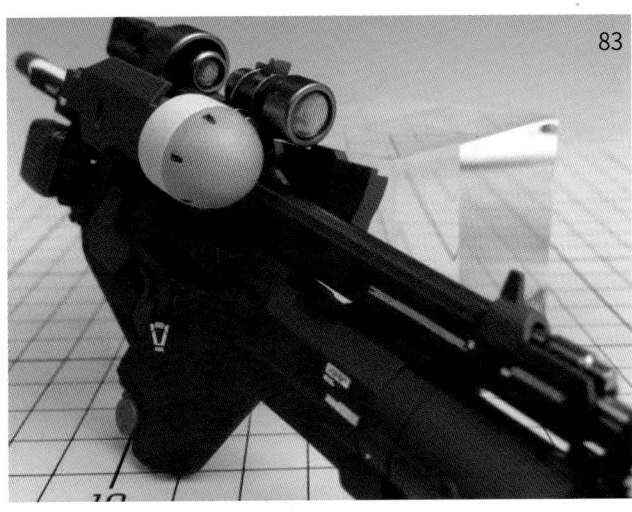
83

在反光贴方面，除了汽车贴膜外还有夜光贴。使用方法都是经过裁剪就能使用，汽车贴膜表面带胶膜，以防张贴时刮伤表面，贴好之后撕走即可（如图 84 ~ 图 86）。而夜光贴表面没有带胶膜，那么裁剪后张贴就行了。

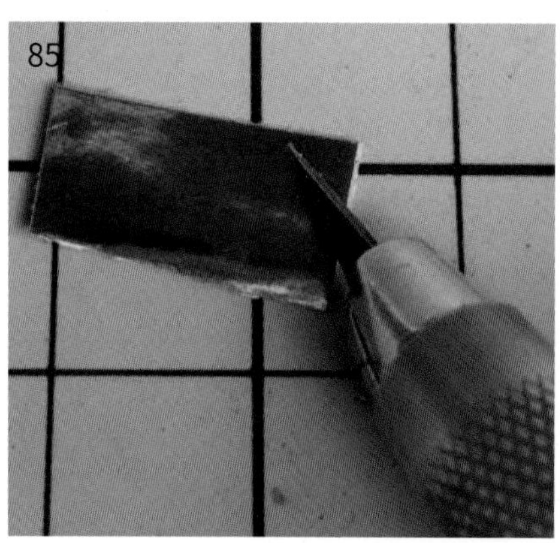

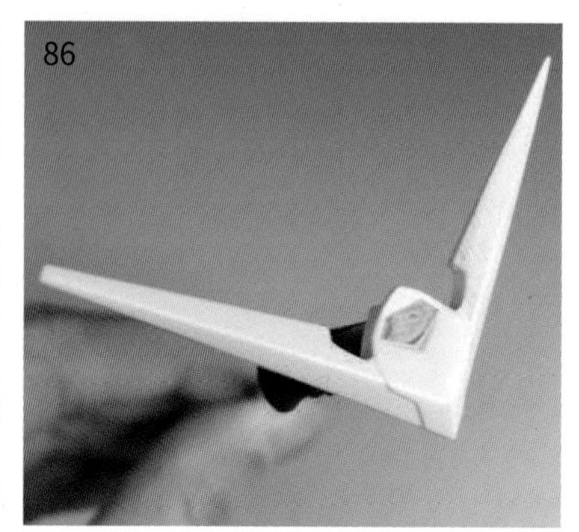

3.4 改造小技巧

问：什么叫改造?

答：改造是通过增设细节、切割、耗材搭配等工序，从而改变零件的外观轮廓与细节。

问：改造有什么优点?

答：改造的范围较广，无论是增强零件的轮廓编排、改变零件线条，还是零件拼搭等，都能制作出独一无二的作品，无法被取代。

3.4.1 零件加固

高达模型有时候被设计成零 PC 软胶的组装方式，这种设计无疑会使机体摆出各种动作时的耐久度相对较强。但是用 PC 软胶组装的机体，时间久了就会发生“关节炎”的情况，各个关节无力支撑，无法摆出霸气凌厉的动作。

而用零 PC 软胶组装的机体零件，由于工艺的问题，组装卡准相对较为薄弱，如果不经过加固，在组装过程中很容易造成折断的情况，不但让卡准卡死难以取出，还难以恢复应有的支撑强度。那么需针对主要支撑的零件进行深钻孔，插入一条长长的桩条，强化卡准的硬度（如图 87 ~ 图 89）。

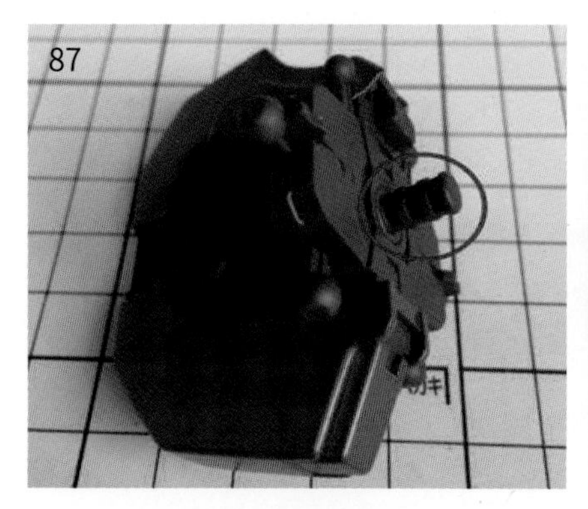

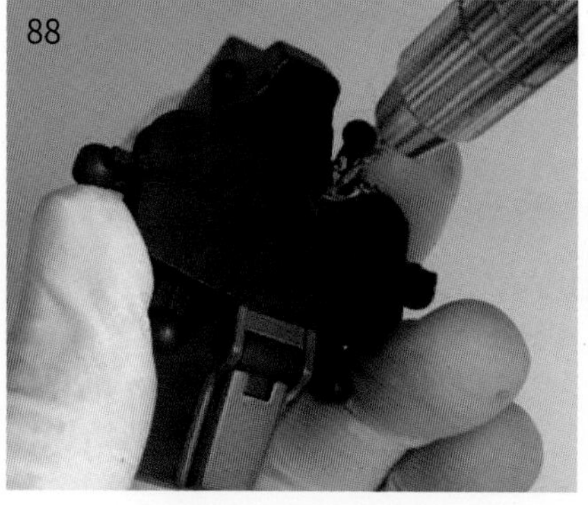

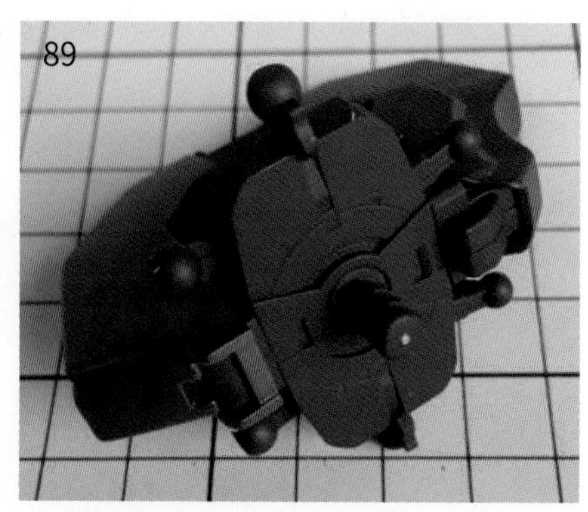

高达机体配备的武器一般都比较多，对于某些持强大火力武器的机体，单纯依靠手掌上的卡准是无法支撑起整个武器的，并且易掉落。为了解决这种情况，可以钻孔加装 2 根桩条，从而与卡准形成三点一线，让高达紧紧地把武器握住（如图 90 ~ 图 92）。

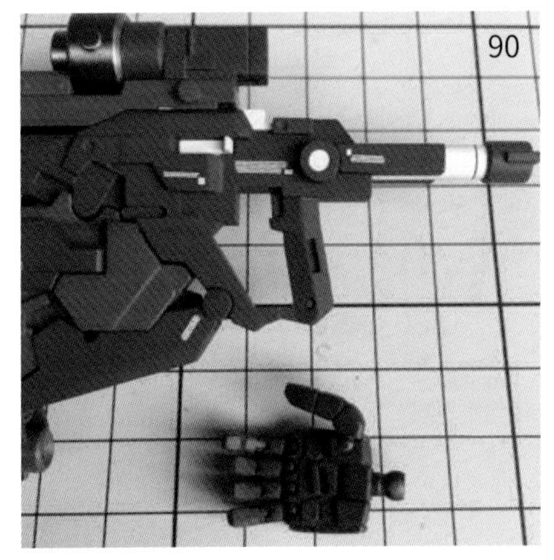
90

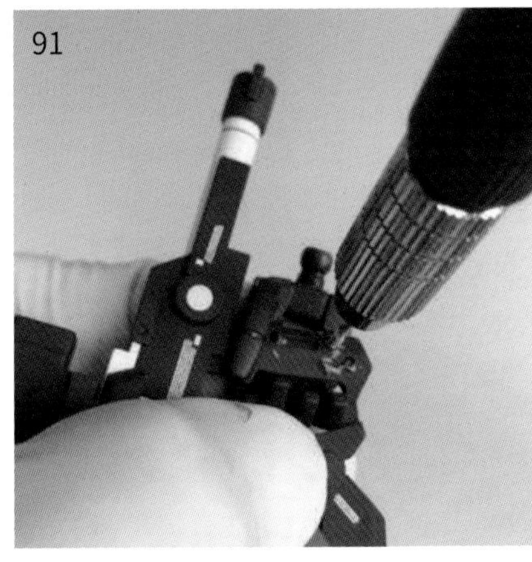
91

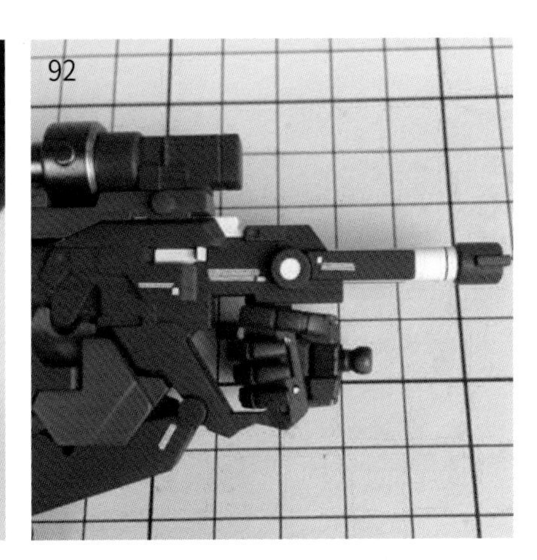
92

3.4.2　细节改造套件的追加

各个厂家陆续推出了不少细节改造的套件（如图 93），如铆钉、螺丝、散气口、喷口等，只要灵活运用，会让改造细节的过程加快不少，也让作品更加充满细节。

这些细节改造套件都能直接黏合在零件表面，操作简单。

对于散气口之类的改造细节套件，可以进一步进行修饰，与零件一体化。

（1）把细节改造套件上的零件轻轻黏合在零件上，不需要紧紧黏合，不然之后的拆除会十分困难（如图 94）。

（2）黏合后使用刻线针将零件轮廓刻画出来，拆下后利用刻线硬边胶带进行围边，利用笔刀的背面对零件进行镂空（如图 95 ~ 图 97）。

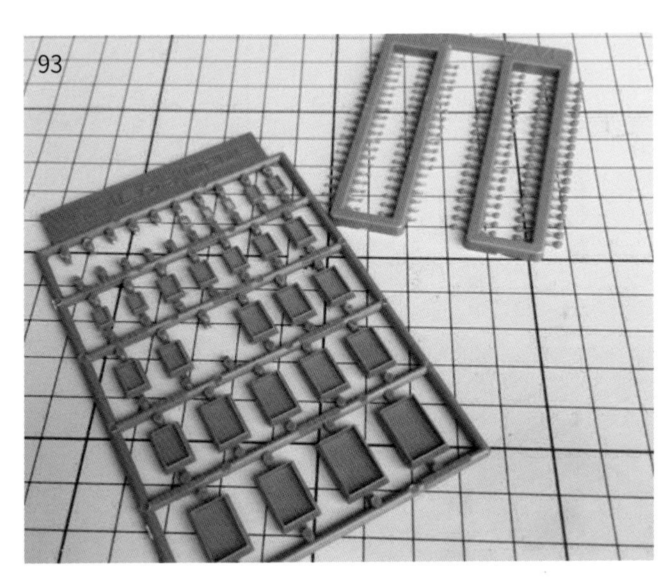
93

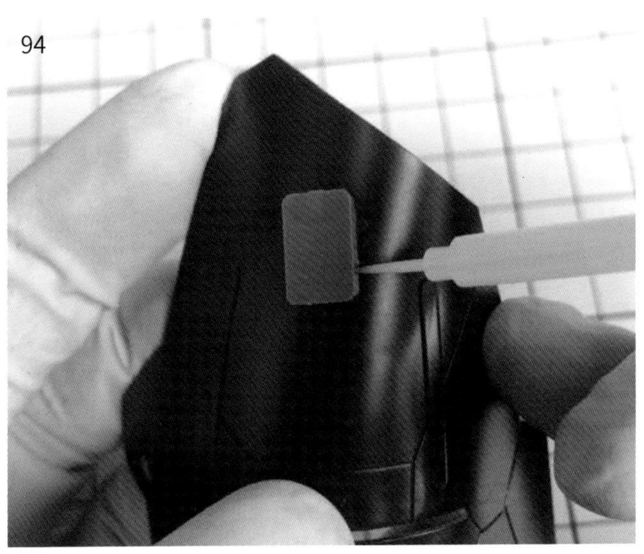
94

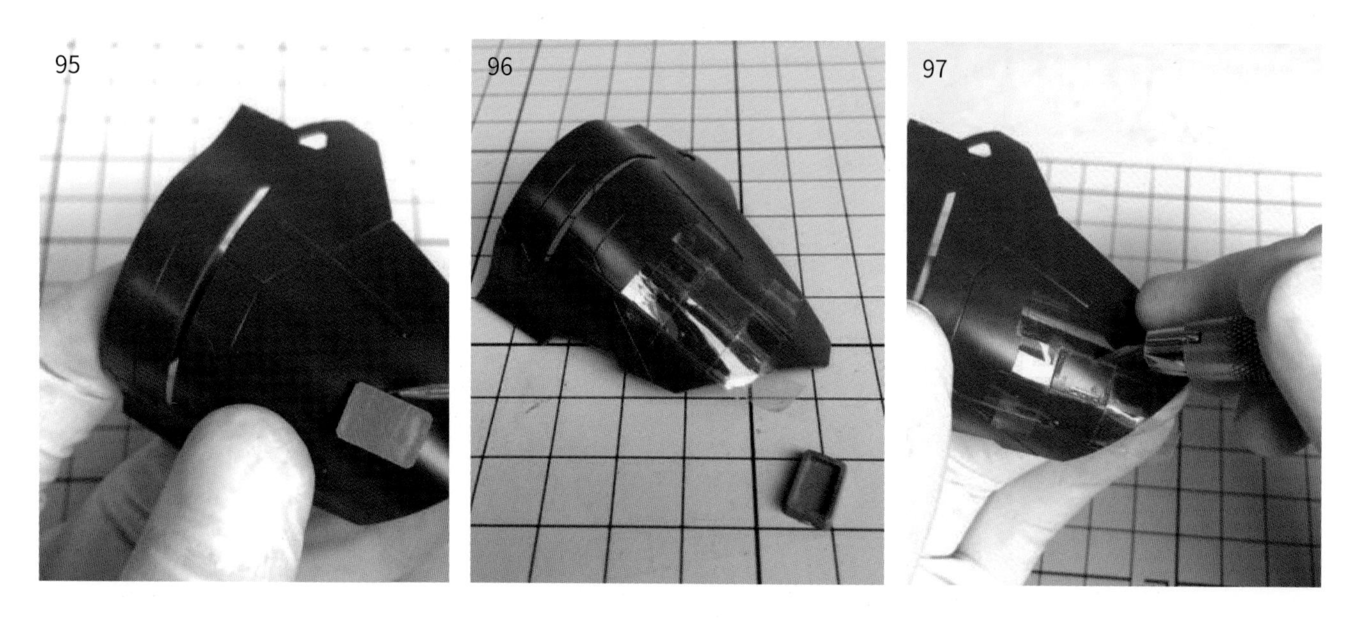

（3）镂空后，使用锉刀修正一下边缘位，把散气口从零件背面套上，这样一来就不怕改造细节套件的搭配过于突兀（如图 98 ~ 图 99）。

对于铆钉之类的零件，使用笔刀切割下来，将零件点上胶水，把铆钉放到零件上就行了（如图 100 ~ 图 103）。这个操作过程中要非常注意胶水的用量，过多的胶水会被铆钉挤出，给打磨消除带来一定的困难。

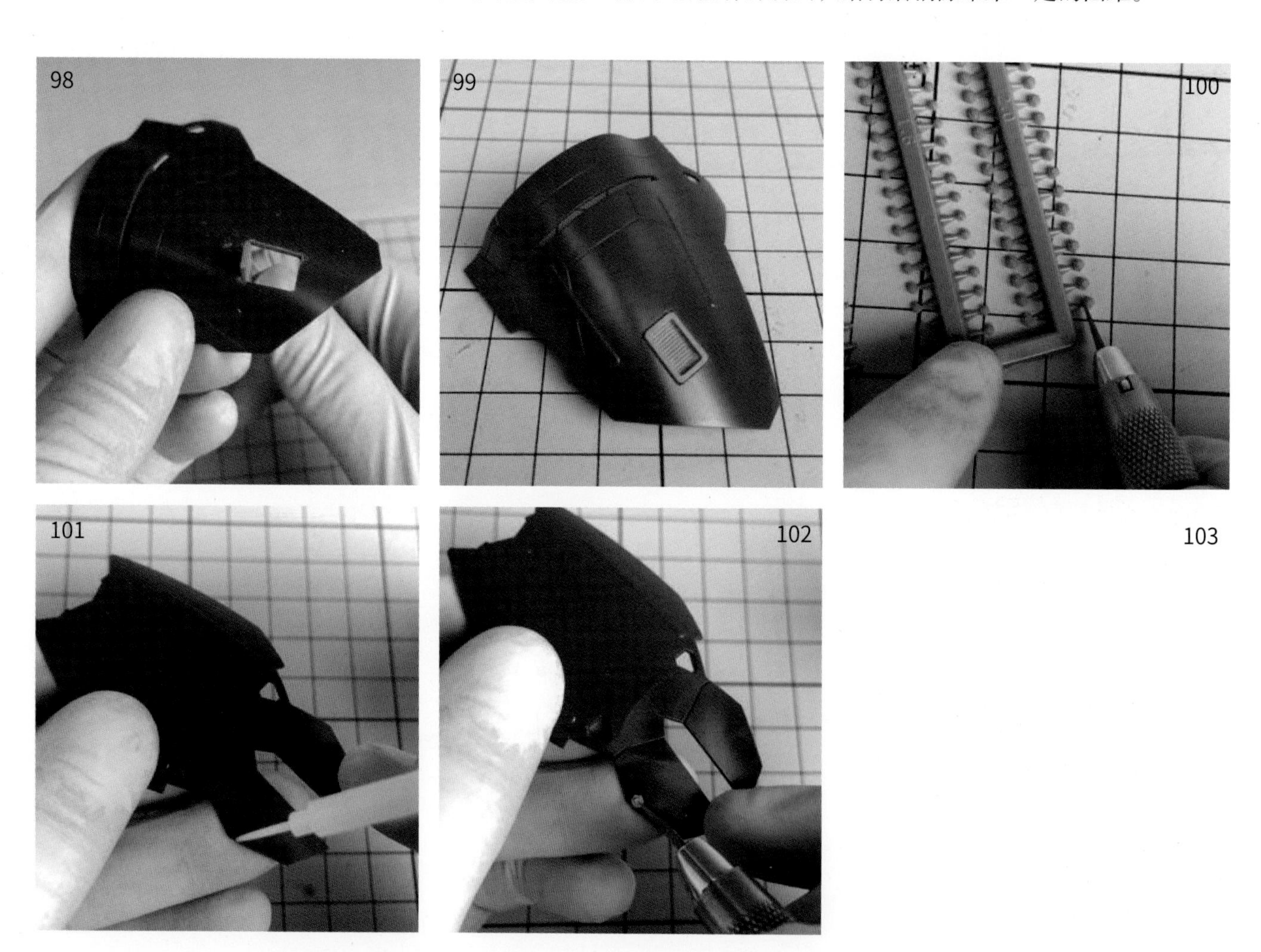

3.4.3　活用零件的凸模细节

有时候，在制作过程中，需要用到非常细小的零件，很难自制，且自制出来的精度未能达到想要的程度，这时候可以从其他套件的零件上（如图 104）切下类似的零件代用，既保证精度又提高效率。

对于凸模细节在零件边缘的情况，笔刀是最方便的工具。下刀时从边缘开始，慢慢切出缺口，刀刃平平地贴在零件上操作，以防破损或扭曲凸模细节（如图 105）。

对于凸模细节位于零件中间位置且较大的情况，蚀刻锯就是最好的选择。操作方法与笔刀大致一样，只不过用蚀刻锯锯下来的零件边缘残渣较多，锯下来后稍微打磨修正一下使用（如图 106 ~ 图 108）。

104

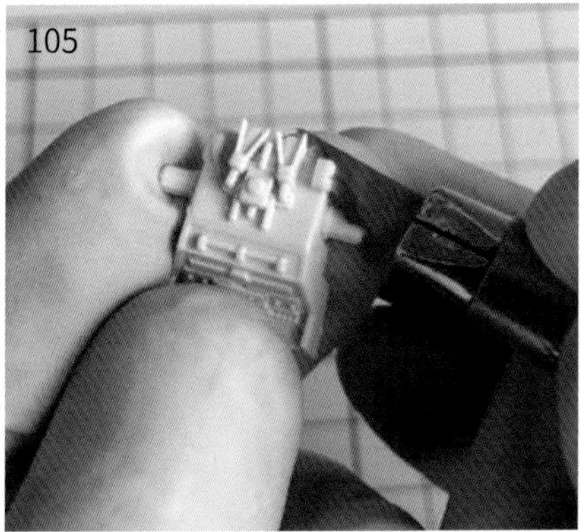
105

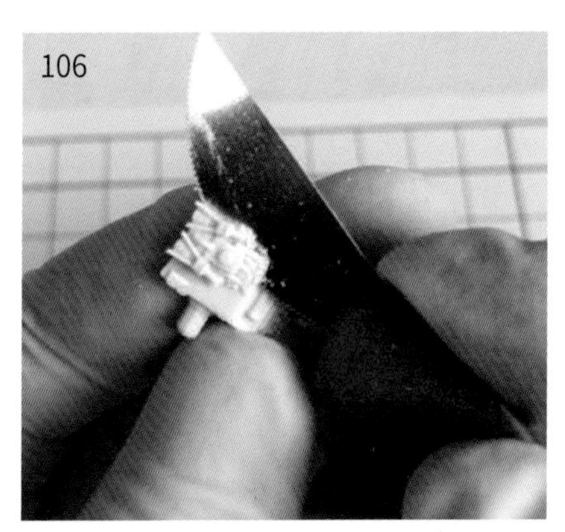
106

107

108

3.4.4　塑料板与塑料条的制作细节

塑料板（以下简称“胶板”）在改造模型方面是最常用的一种耗材，也是自制零件必不可少的一种主要材料。

早期使用的胶板都是全白的，但随着技术发展，一些厂家生产出带刻度的胶板，在尺寸的把控与形状的刻画中带来非常大的便利性。

根据自己想要的形状，在胶板上画出轮廓，使用笔刀进行剪切，再通过细节处理，放到零件上，观感也增加许多了（如图 109 ~ 图 112）。

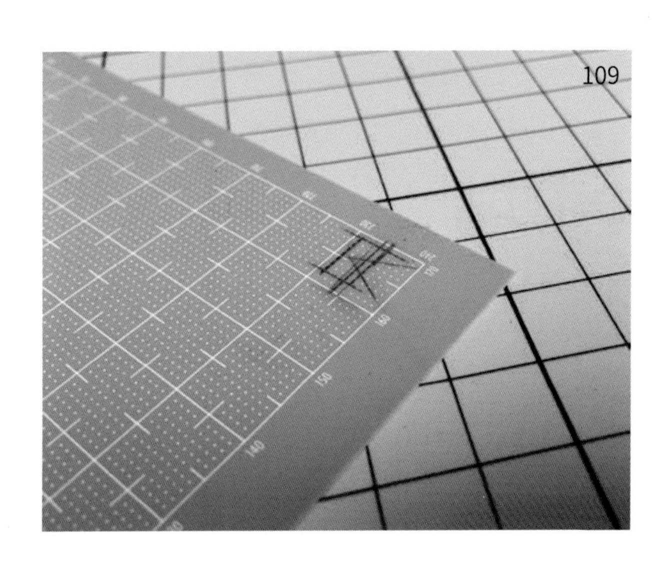
109

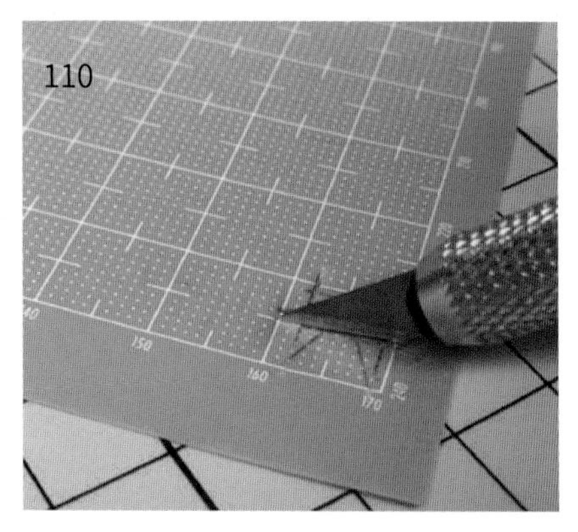

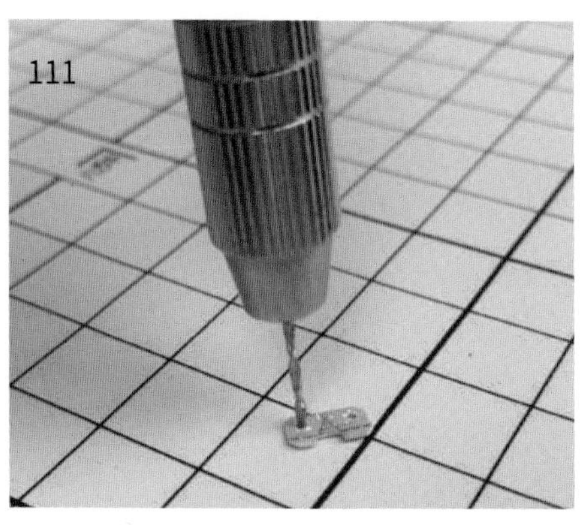

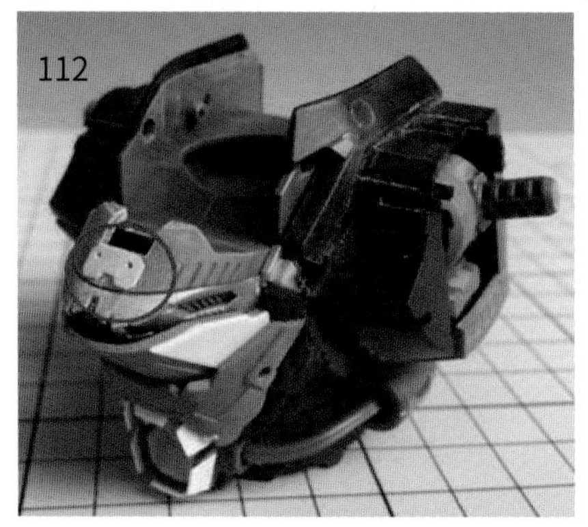

除了使用胶板对零件增加细节外，活用胶条与胶管也能让零件细节更加丰富。

胶条如果不进行打磨修行，往往会过于生硬，那么可以切下一小段，将长条形状处理成梯形，可以让过于平面的零件有层次之分（如图 113~ 图 115）。遇到左右对称的零件，要做出相同的两个胶条细节零件（如图 116）。为了更加丰富细节的搭配，胶管也是主要材料之一（如图 117~ 图 120）。

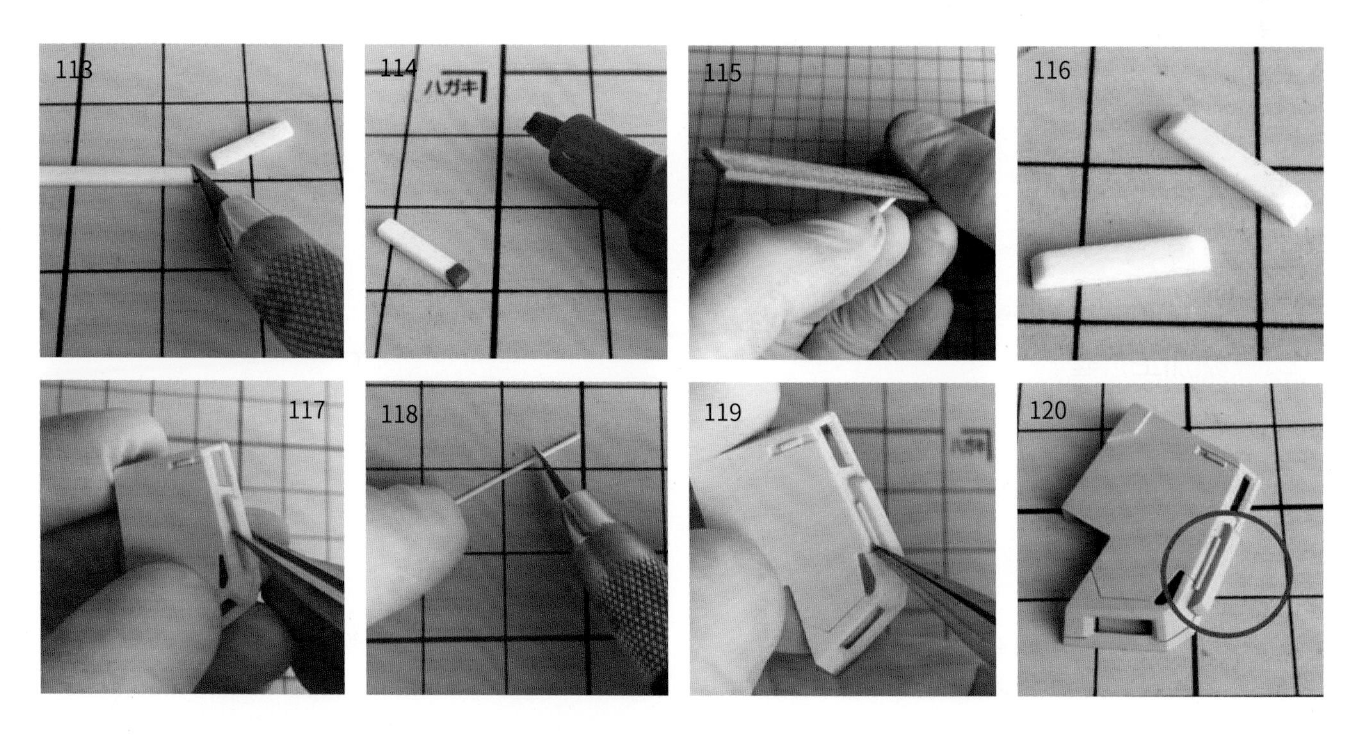

在前面介绍过刻宽凹槽的操作，可以利用胶板在这种凹槽细节上再提升，使用 0.5 毫米胶板切出凹槽宽度相近的胶条，切成粒状并黏合到凹槽上，那么细节的冲击力会有所加强（如图 121 ~ 图 123）。

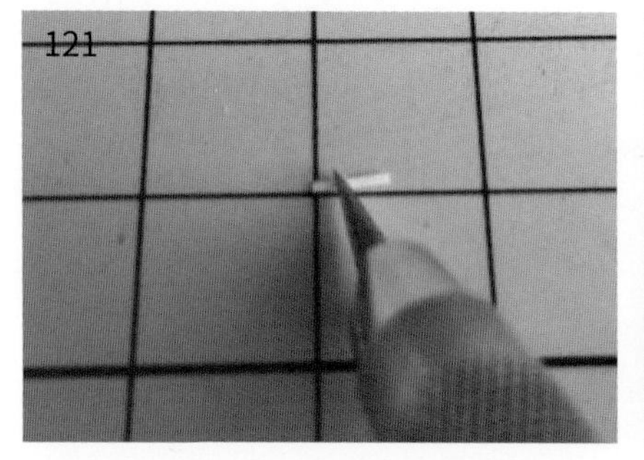

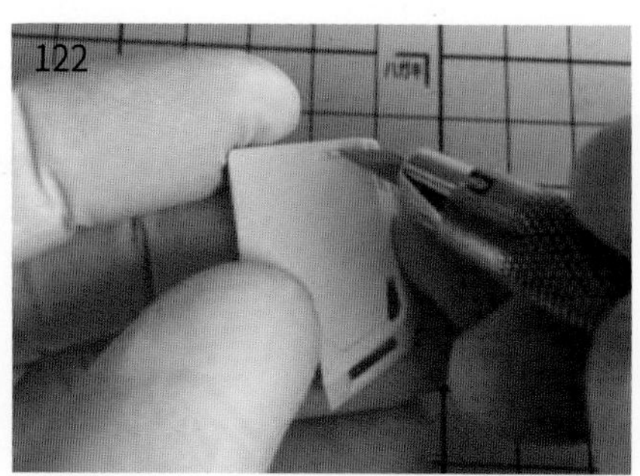

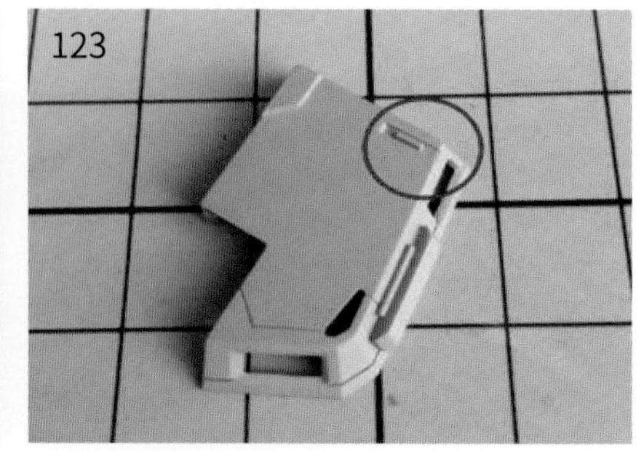

过于平面单调的零件，在零件表面使用胶板叠加的方式做出凸起细节，也是有效提高零件细节感的方式之一。而且形状、布局如何，可因人而异地随意发挥（如图 124 ~ 图 128）。

利用胶板与胶条对零件进行细节追加，对比之下，原装的零件细节会逊色不少（如图 129）。

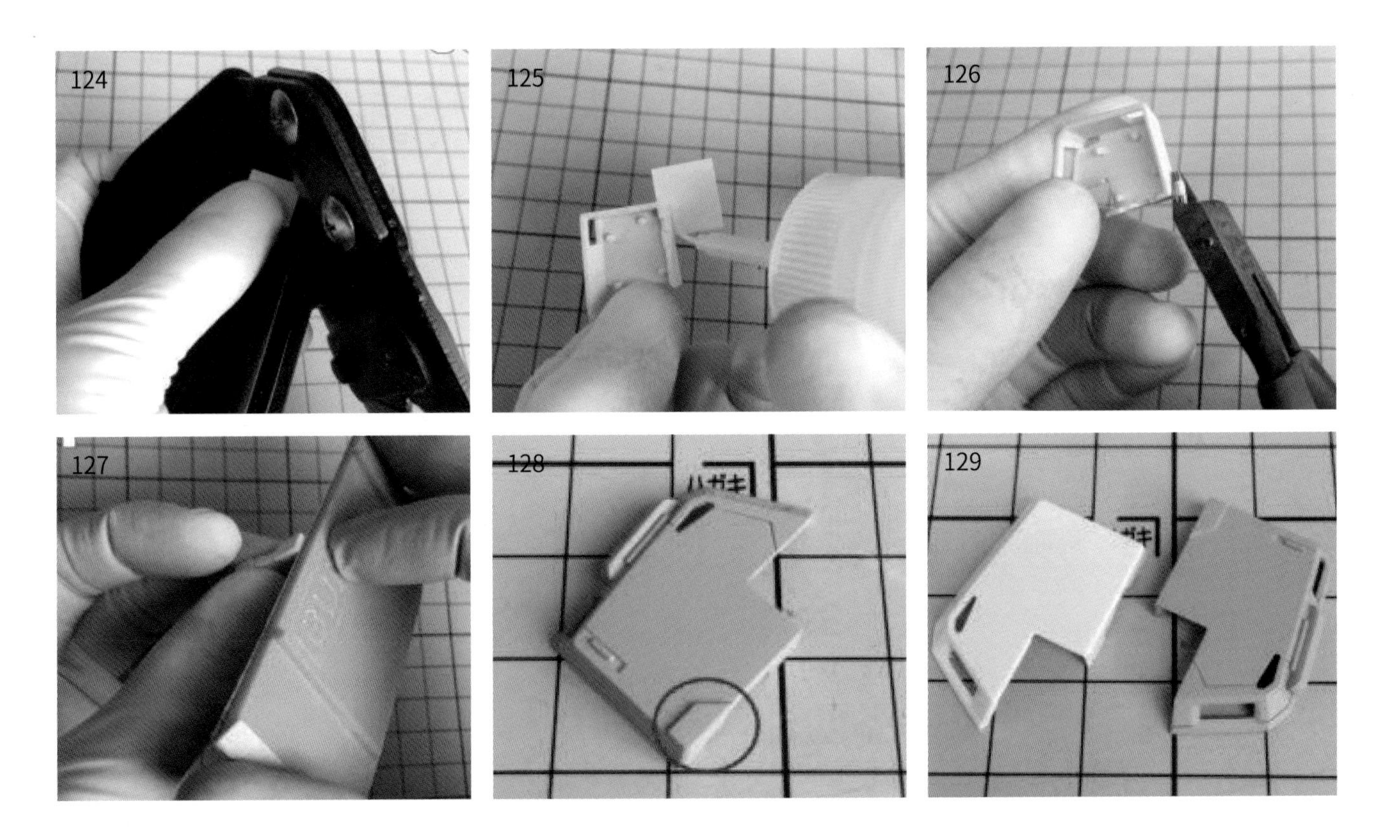

3.4.5　热加工拉丝

热加工所需要的就是火源，应对不同的操作可选择打火机或者蜡烛。

第一步：把胶条或者板件流道放在火源上加热，火源稍微碰到胶条就行，不需要直接用火源烤，注意观看胶条的软化程度（如图 130）。

第二步：看到胶条变软变形时，离开火源，把胶条拉开。拉的时候保持均匀平稳的速度，过快会导致胶条断裂，过慢会导致胶条拉丝很粗，而且拉开的速度不均，也会导致拉出来的丝有粗有细（如图 131、图 132）。

第三步：使用拉出来的丝选择合适的尺寸（如图 133）。

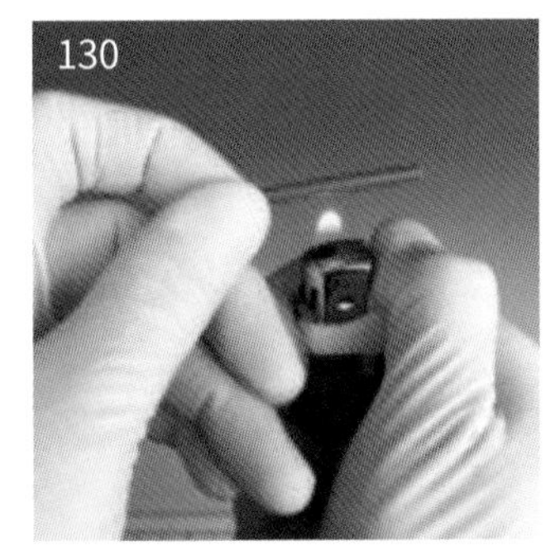

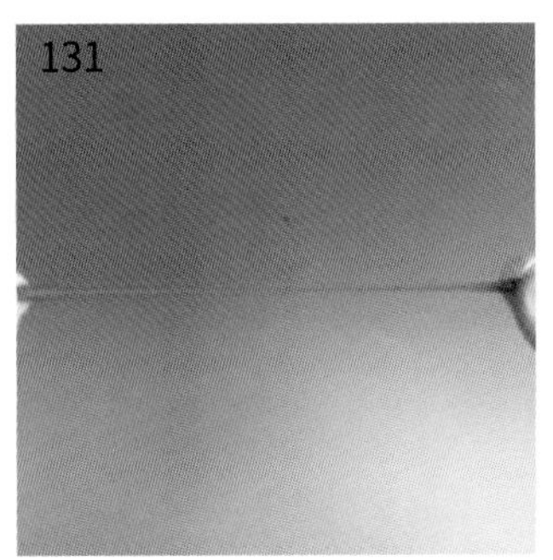

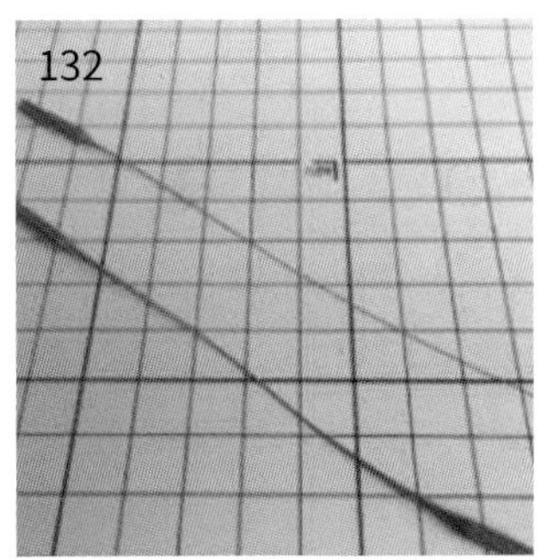

3.4.6 零件锐化

锐化处理，高达模型天线部位的锐化算是日常处理的部位了，修正角度成了首要任务，零件最边缘的角度越小，零件的锐利度冲击就越大。类似这种 SD 天线，角尖都是很圆润的（如图 134），先使用较粗号的打磨工具修正其角度，修正角度时不要只针对角，而是要以角为起点的整个面去进行。当角度修正后，就要修正零件的各面了（如图 135）。

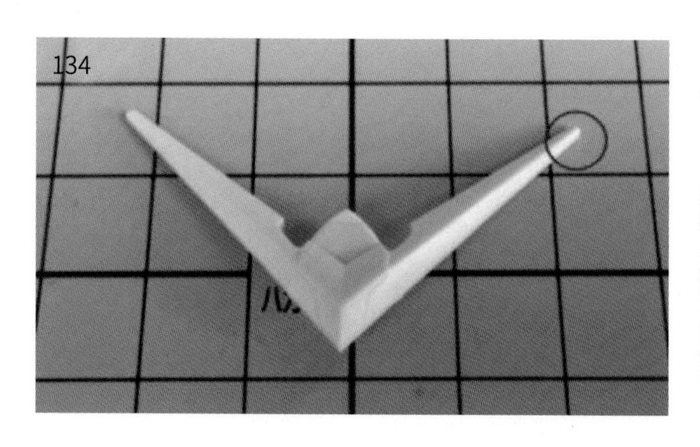
134

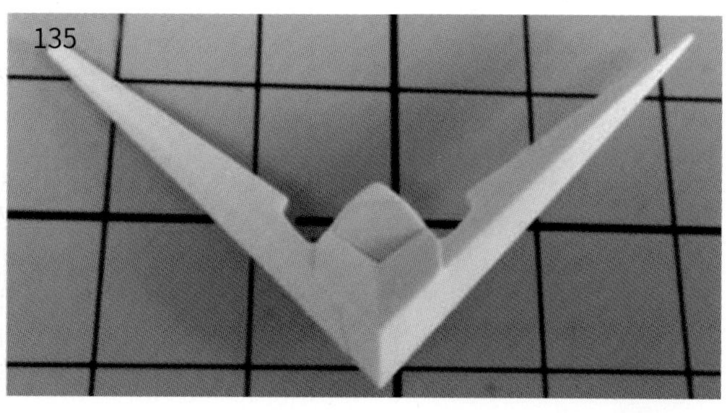
135

如果有不能通过打磨进行锐化处理的零件，可以通过叠加胶板与 AB 补土的方式对零件进行延长，首先确立一个延长面，并黏上胶板，缝隙与空缺部分使用 AB 补土进行填补，干燥后进行打磨处理（如图 136 ~ 图 138）。

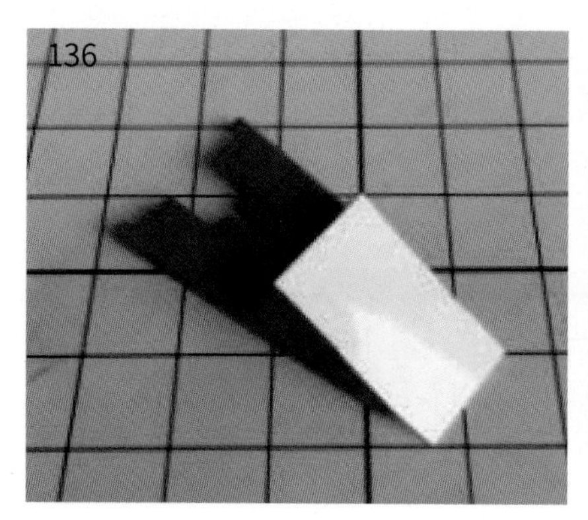
136

137

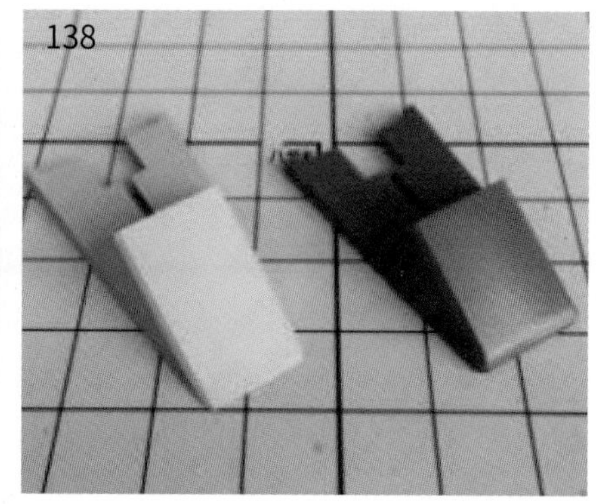
138

3.4.7 制作防磁装甲

混合 AB 补土，使用圆筒装物体将其压平；在 AB 补土半干燥的时候，利用带有条纹的圆柱物进行加纹处理，例如笔刀的刀柄也是一个不错的工具，等待 AB 补土完全干燥后，通过裁剪形状黏贴在零件上（如图 139~图 142）。

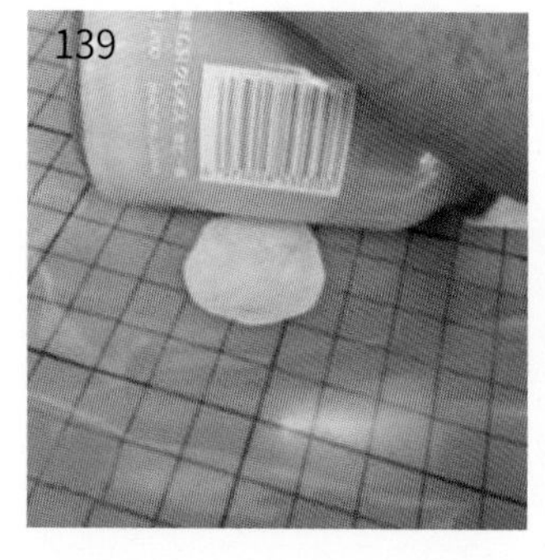
139

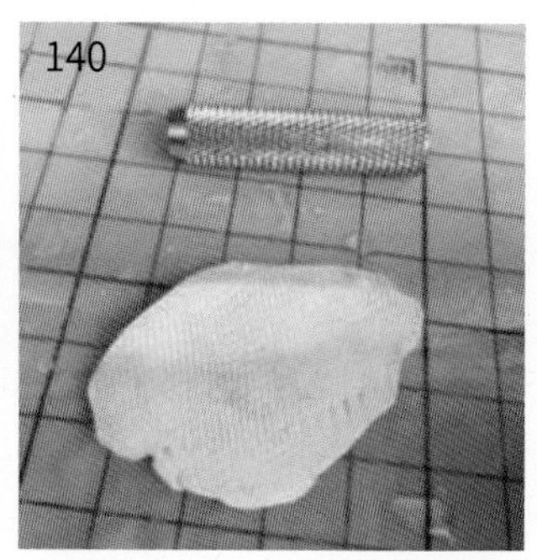
140

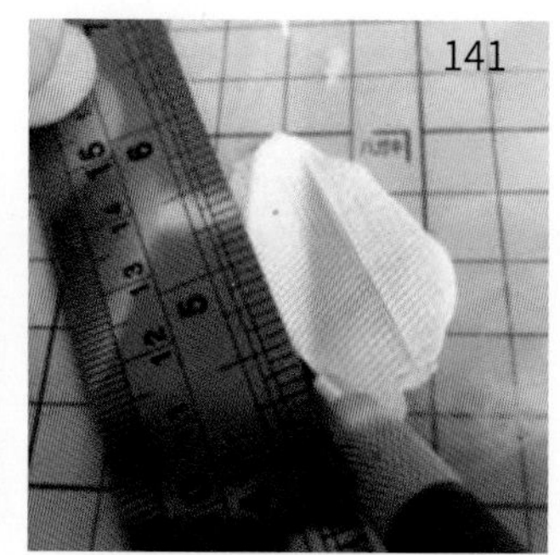
141

142

第4章
涂装技法与特殊效果实战教程

4.1 阴影涂装

问：阴影涂装是什么？

答：阴影涂装指的是在零件的棱角和凹线处的颜色与零件主色有明暗对比，借此提高模型的立体感，看起来有点像光源照射的效果。

问：阴影涂装与 MAX 涂装有什么分别？

答：阴影涂装与 MAX 涂装的做法接近，可以简单用命名去了解两种涂装方法的区别。阴影涂装可以理解为零件各面以明暗对比的效果营造整体的真实感；而 MAX 涂装则以色彩差异尽可能来凸显零件每一个表面。

阴影涂装主要通过喷笔进行，喷涂所需的喷笔也要具备良好的雾化效果，建议使用口径 0.2 或更小尺寸的喷笔，如果口径超过 0.3 有可能给在高达模型中一些细小的零件处理上带来一定的难度。

这里使用 MG 海盗 X3（如图 1）作为效果展示，在学习阴影涂装前，有 3 点是需要注意的：

（1）油漆的浓度会比正常涂装的油漆浓度要稀，建议稀释比例为 1∶2.5。

（2）喷笔和零件的距离靠得很近，出漆量要小，气压要降低。

（3）尽量保持手部的稳定性。

在进行对零件的涂装前，可以先找一些废弃零件进行练习。

1

进行阴影涂装前，所选择的底色尤其重要，选择的颜色尽量与主色相同（如图 2），大家也可以按照自身的理解去选择底漆的颜色。

调好油漆浓度、出漆量和气压后，喷笔应尽量靠近零件，从表面中间向外延伸（如图 3），凸出表面中间的色泽（如图 4~ 图 7），注意别把棱角位也覆盖掉了。

白色在暗沉的底漆上覆盖力较低，导致发色也跟着暗沉，可以用较稀的白色油漆给予一层过度。建议稀释比例为 1 ： 3，整体覆盖薄薄地涂装（如图 8）。这样操作，左边的零件有过渡层，使阴影更加自然，右边的零件没有过渡层，显得有点生硬（如图 9）。

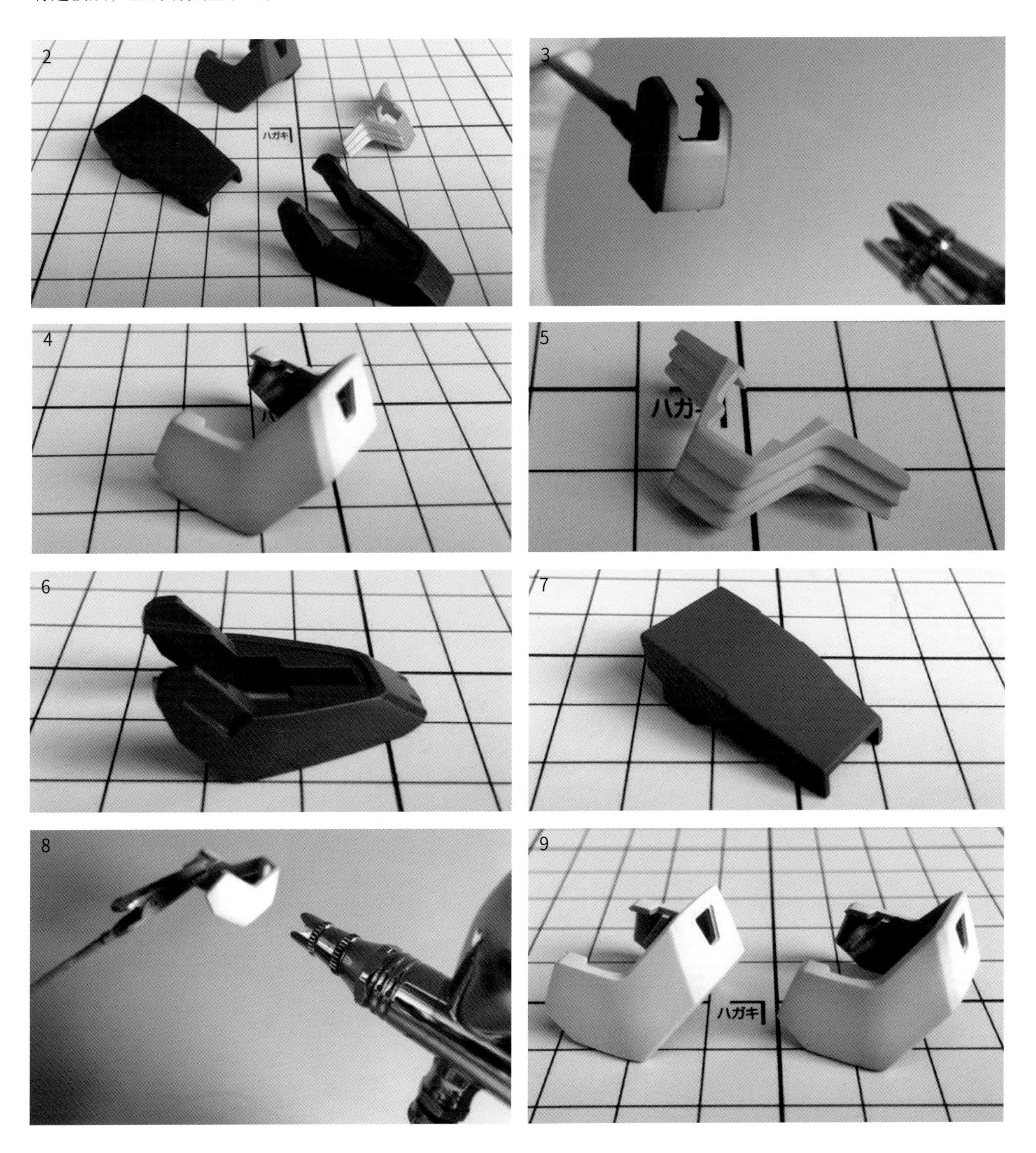

高达模型中枪炮类的零件比较多，格林炮样式的零件也可以采用阴影涂装带出质感与效果。使用黑铁色作为底色，银色高光位喷涂，喷涂效果会很好（如图 10~ 图 12）。

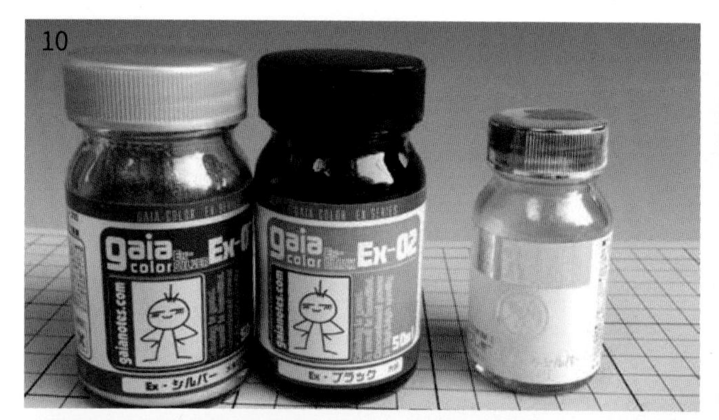

10

11

12

4.2　光影涂装

问：什么叫光影涂装？

答： 光影涂装即色调调节技法，它利用高光和阴影制作出非常高的对比度，让模型看起来像在不同的角度被照亮。

问：光影涂装与阴影效果有什么区别？

答： 阴影涂装让零件各面拥有明暗对比，带出层次感；而光影涂装就是在模型上体现出光源的存在。

这里使用 MG 神龙高达作为制作范例（如图 13）。

13

制作前，需要重点考虑光源的位置、机体装甲的受光面位置以及光源折射的位置。充分考虑好这 3 个因素，涂装方面就容易把控了。

调色方面准备三种层次色：高光色、过渡色、阴影色。白色部分使用白色为基础，依次添加灰色加深（如图 14）；红色与蓝色使用基础色依次添加白色调浅（如图 15~ 图 16）；黄色部分以黄色为基础色依次添加荧光橙加深；其他颜色以此类推。

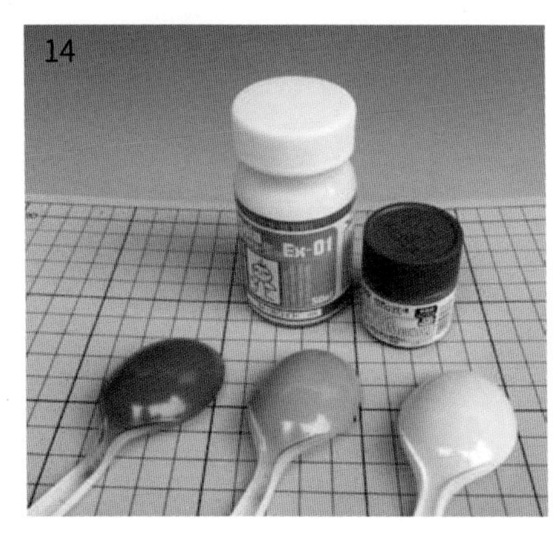

进行喷涂时，整体喷涂上阴影色，控制喷笔的出漆量与喷涂位置，依次喷上过渡色和高光色。为了得到良好的光影效果，3 种层次色的占位比例大致应保持在 1 ：1 ：1，即高光色 1、过渡色 1、阴影色 1。唯独白色部分为了避免成品整体显脏或过于暗沉，占位比例为高光色 2、过渡色 1、阴影色 1（如图 17）。

在涂装过程中，最好将机体的零件位置记熟，方便涂装时能顺利根据先前想好的光源位置对零件进行涂装，这步骤的操作因人而异，毕竟光源的位置在哪里，每人的想法都未必会一样，但只要保证光源照射方向颜色从浅到深即可（如图 18~ 图 22）。

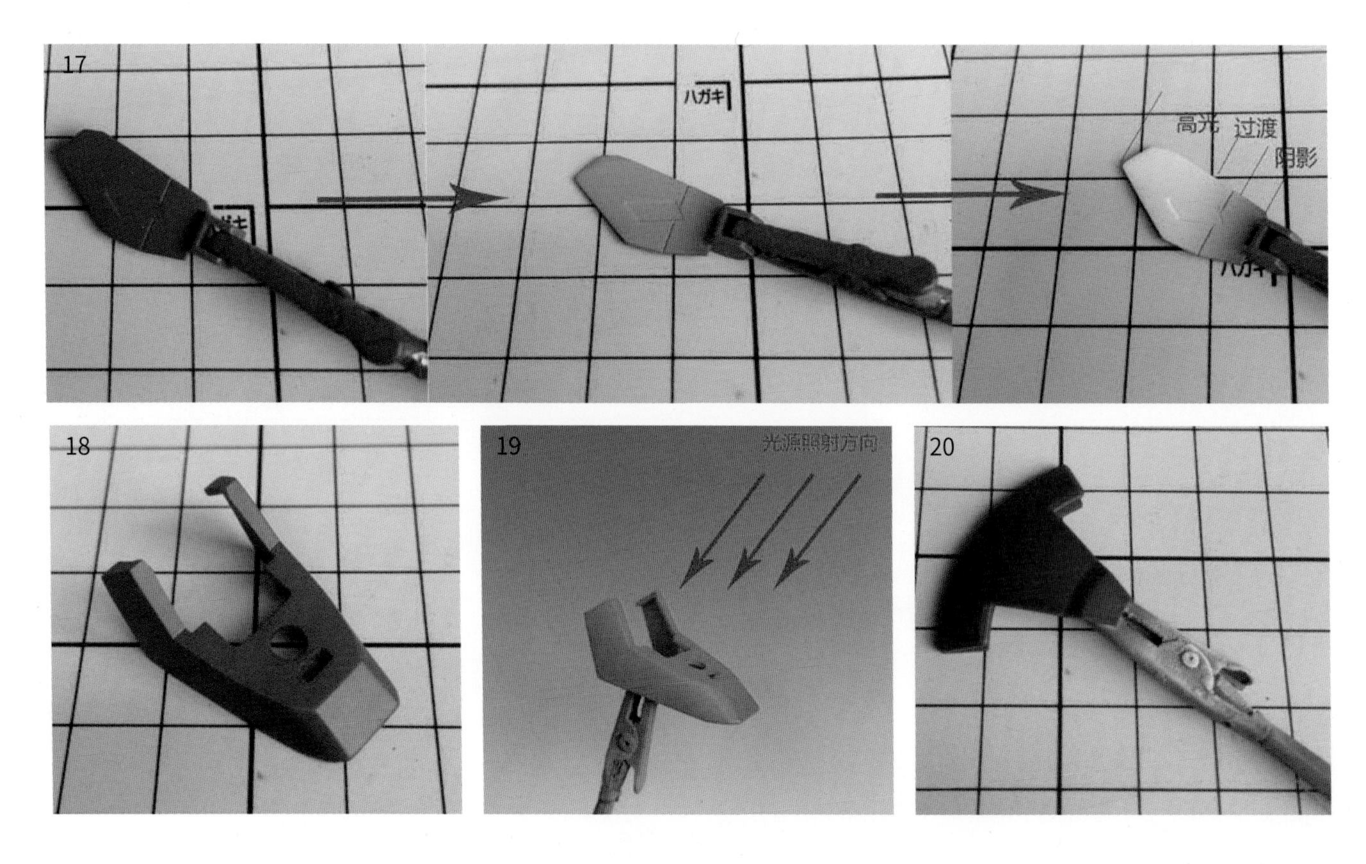

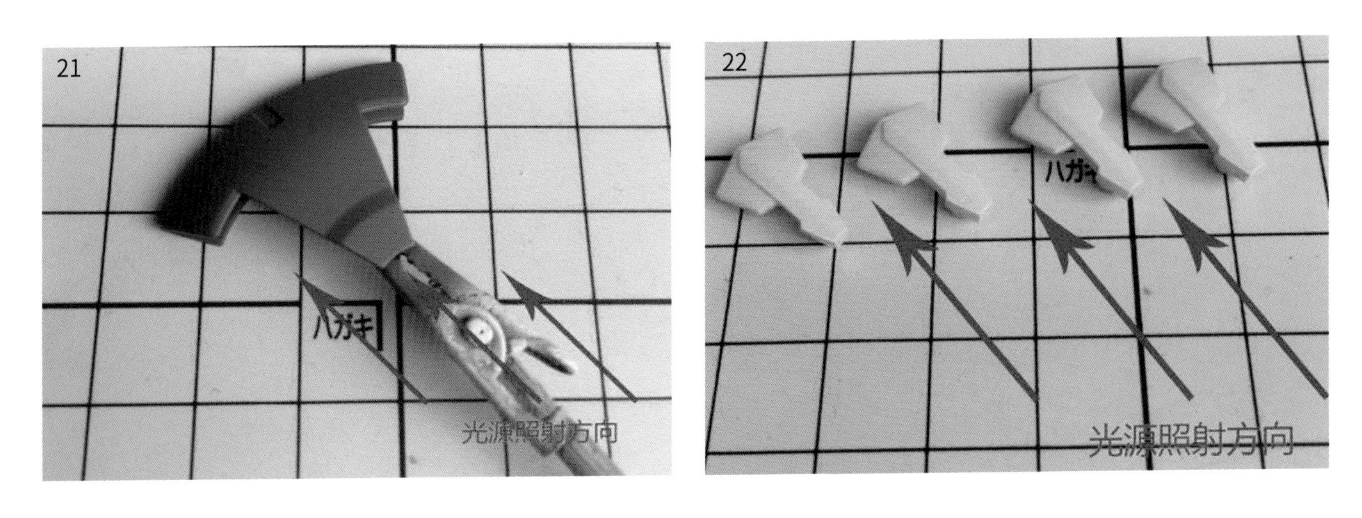

高达模型的零件形状比较多，并不是每一个零件都能直接进行涂装。对于一些特定的装甲或零件，通过使用遮盖的办法，可以保护那些不想被喷涂到的区域，同时也提高了操作精度。例如比较突出的表面可以遮盖补充高光色，而凹陷位置可以补充过渡色（如图 23~ 图 29）。色彩丰富的光影涂装最终会给模型带来动态效果。

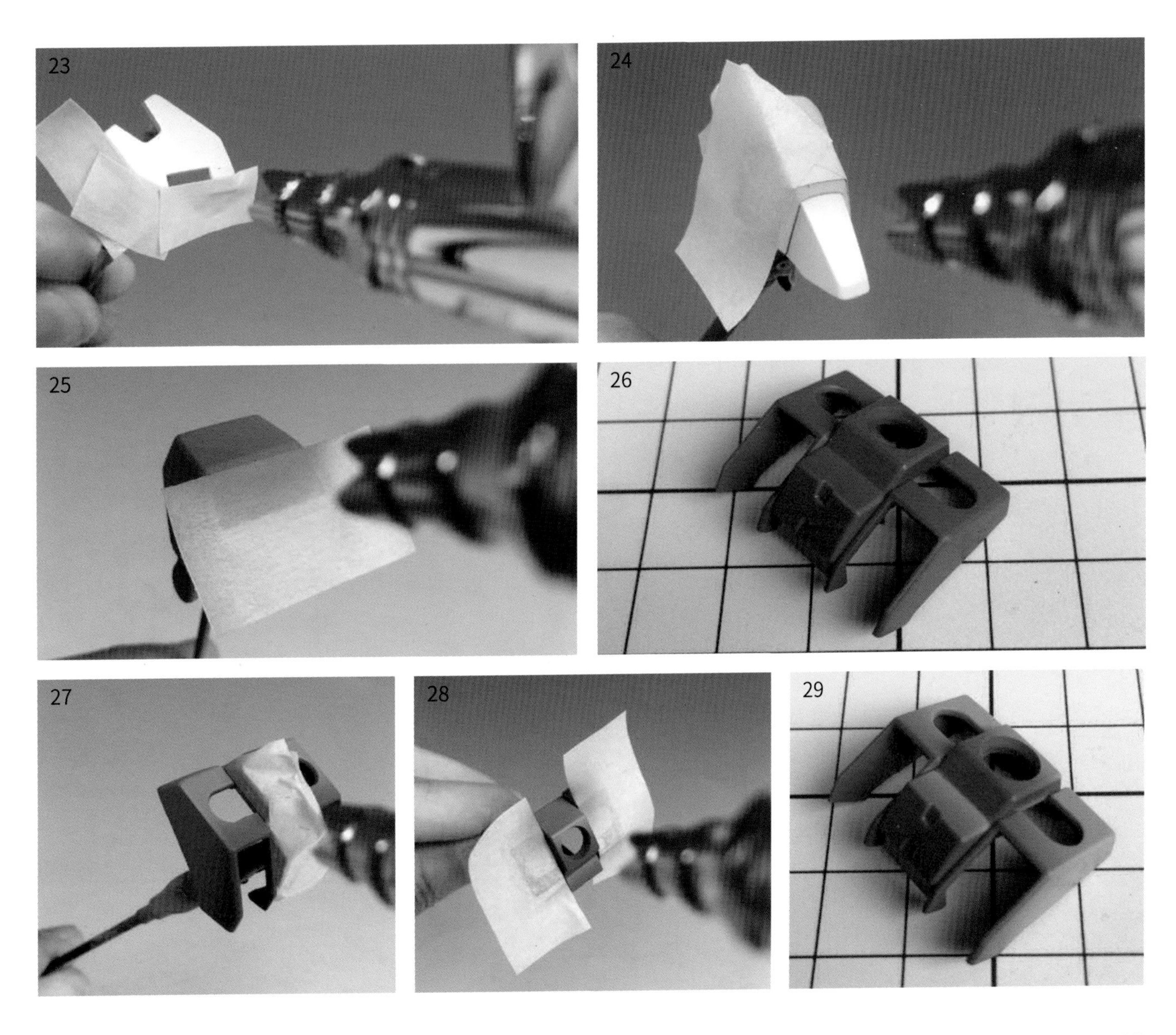

细心处理好每一个零件后，把零件放在一起，效果就立竿见影了（如图 30~ 图 34）。

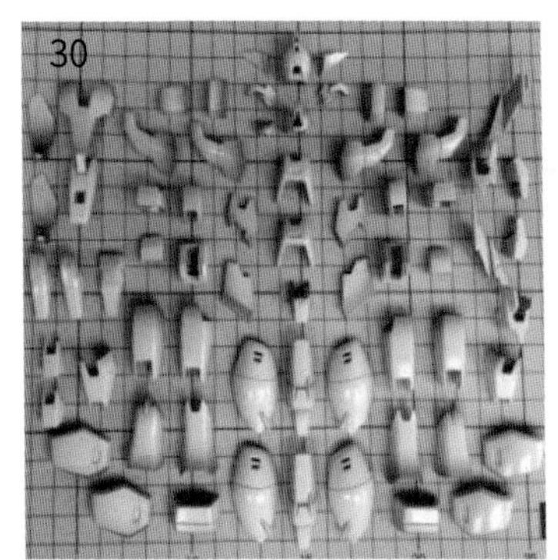

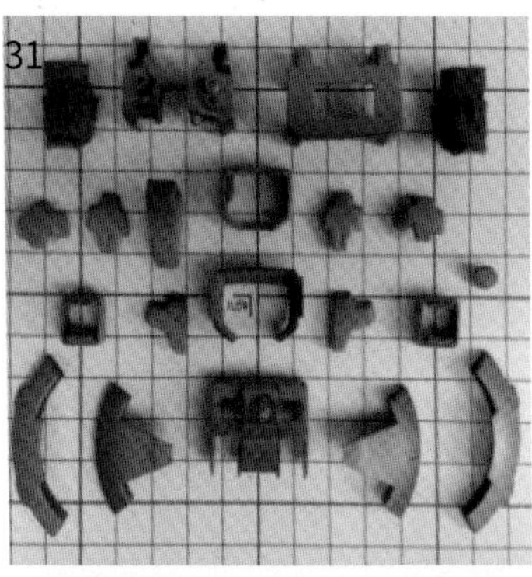

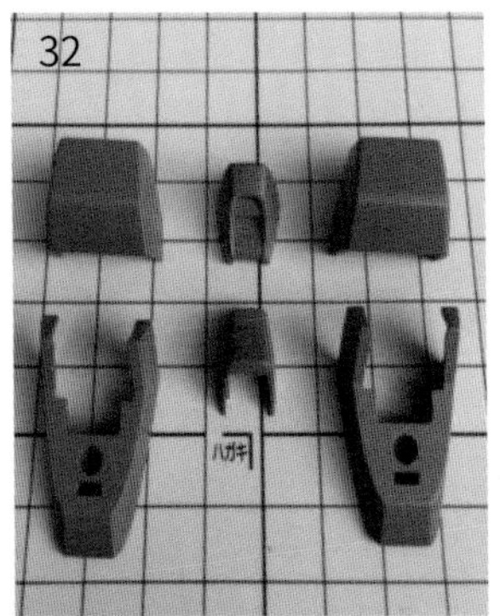

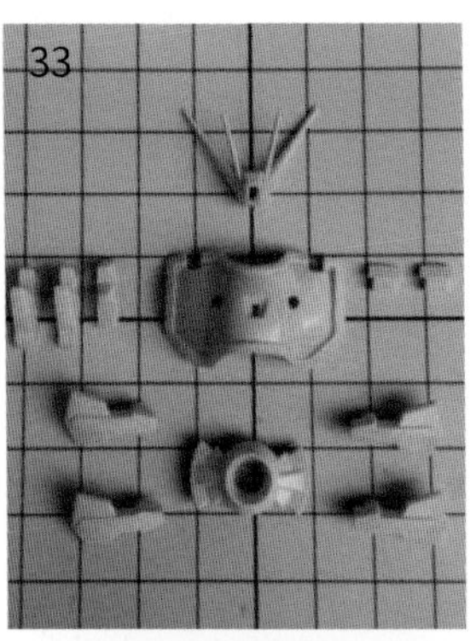

4.3　高光涂装

问：什么是高光涂装？

答：高光涂装是指凭借色彩的鲜艳度，突出机体整体被照亮时的涂装。

问：高光涂装与阴影涂装和光影涂装有什么区别？

答：高光涂装的做法可以说是阴影涂装与光影涂装的结合，也算是色调调节技法的一种。

高光涂装是阴影涂装与光影涂装的结合。其做法与阴影涂装相同，颜色调配与光影涂装相同，所以喷涂所需的喷笔也要具备良好的雾化效果，且建议使用口径为 0.2 或更小尺寸的喷笔。本节使用 MG 飞翼高达（如图 35）作为效果展示。

35

开始涂装前，先将机体所要用的颜色调好（如图 36），除了白色外，其他颜色的底色选择为机体平喷的颜色，至于过渡色与高光色在前面都已经讲过，这里就不再赘述，但必须注意的是三种层次色之间的色差，过于强烈会导致整体效果色调暗沉，过于微弱则会导致最终效果不明显。

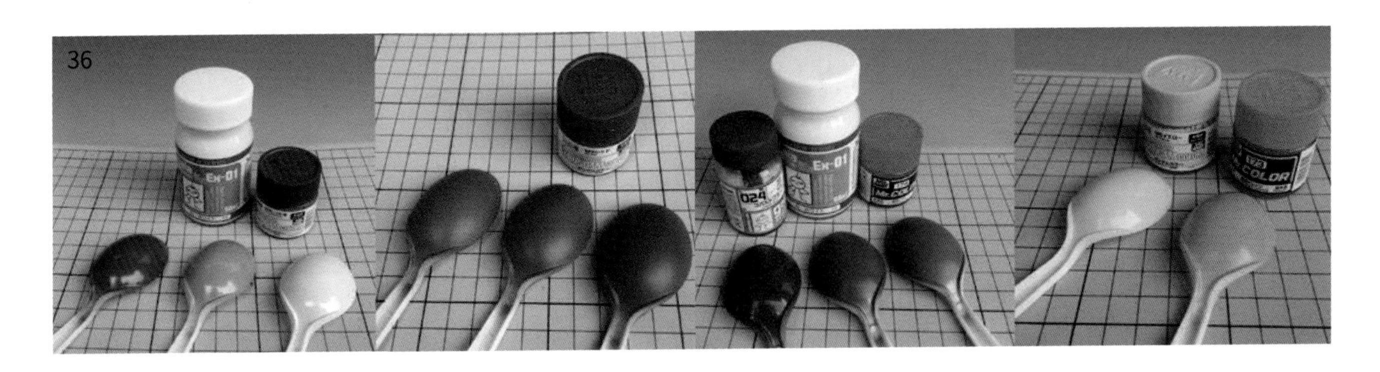
36

通过正常的平喷做法把零件涂好底色，继而采用小出漆量、小气压、小距离，以零件表面中间点向外延伸涂上过渡色与高光色（如图 37~ 图 39）。做法可参考阴影涂装内容。

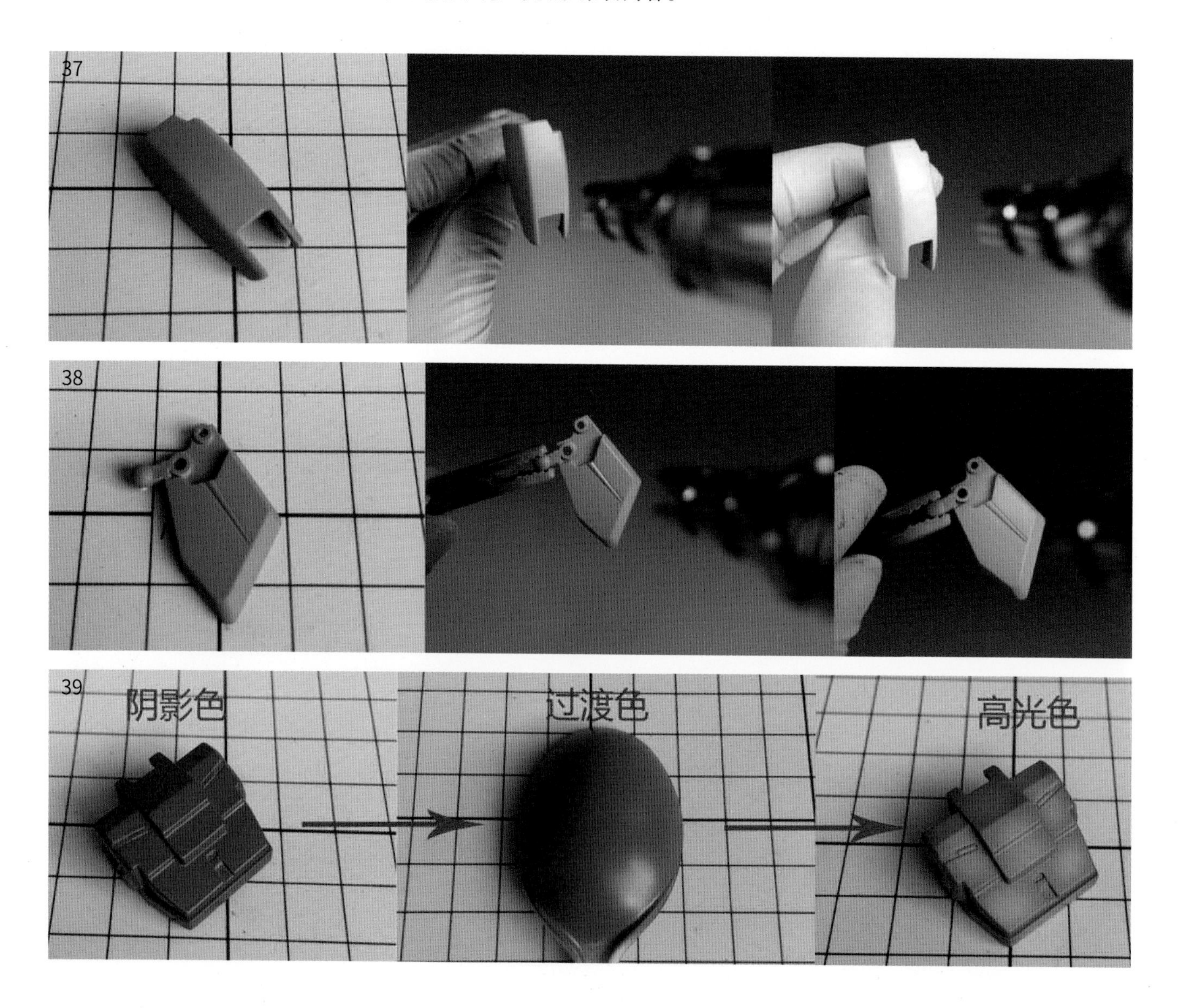

举个例子，一个光源照射在零件上，中间位置高光向外，颜色变深（如图 40~ 图 42）就是高光涂装做法的主要表达内容。它突出零件中间点的光亮度，营造了零件的立体感（如图 43）。

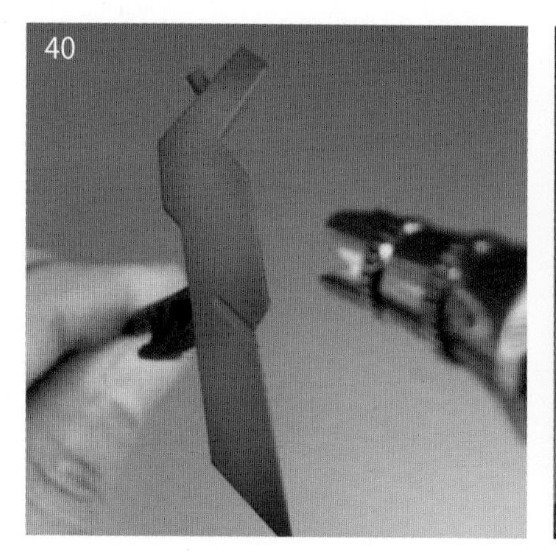

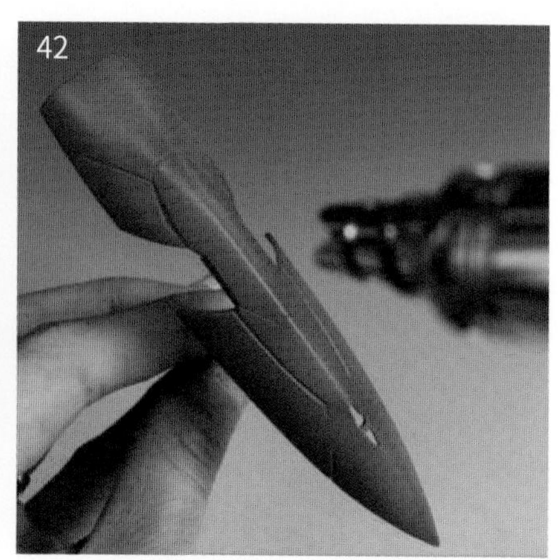

43

4.4 伪电镀涂装

问：为什么称为伪电镀涂装？

答：通过涂装其实并不能达到真正电镀的颜色效果，只能根据电镀颜色叠加的原理涂出相近或相似的效果，所以就称为伪电镀涂装。

问：颜色叠加后漆面会不会影响零件的组装？

答：当然，经过多层颜色叠加，漆面会比平喷的漆面厚，但只要熟练掌握涂装的技巧，就能迎刃而解。颜色叠加不等于颜色堆砌。

本节使用的是 MG 新安洲（如图 44）作为效果展示，配搭伪电镀涂装，使用了光面效果处理。

在讲解做法前，先来总结要点：

（1）开头提过，伪电镀涂装是通过颜色的叠加达到最终的效果，因此漆面层层叠加，环环相扣，底漆就显得非常重要。

（2）多层漆面叠加，漆面的厚度与均匀平整就成了重点需要攻克的环节。

伪电镀涂装一般需要用的颜色有光黑色、银色、金色、透明色系等（如图 45）。当然还有更多种颜色叠加的效果可以操作，但这里从基本出发暂不讨论。

第一层漆面的黑色异常重要，它决定着第二层金属色的光亮程度，选用光泽的黑色进行喷涂，漆面越平整、光亮越佳（如图 46）。

范例使用了 MG 新安洲，最表层的效果是红色，底色可以是银色或者金色，但银色作为底色做出来的整体效果会相对暗沉。这里选择了金色作为第二层漆色（如图 47）。

表层漆选择了魔幻红，当然也可以选择透明红。主要是因为制作时想要的效果是亮丽鲜艳的，所以就放弃了透明红（如图 48）。

三层颜色叠加完成后，伪电镀涂装的效果就出来了。涂装完成后的光面处理要如何制作，这里就延伸讲解一下消除水贴高低落差的办法。

在表层的透明色系涂好后，建议上水贴前喷涂一层光油保护漆，特别在表层色是红色的时候，红色的感染力相对较强，如果直接贴上水贴喷涂光油保护漆，水贴有可能会被底下的红色染色，那么整体效果就会受到影响了。

水贴贴好后，喷涂一层光油保护漆，但干透后发现水贴存在高低落差与光油收缩的情况（如图 49），先不要急着处理，由于光油完全干透会使漆面收缩，建议静置 12 小时以上后使用 2000 号水砂纸对零件表面进行研磨（如图 50），一层光油的研磨未必能完全消除水贴的高低落差，那么就慢慢研磨二层光油或者三层光油，以防伤害光油保护漆底下的漆面。要想拥有优秀的漆面，就得花点耐心。

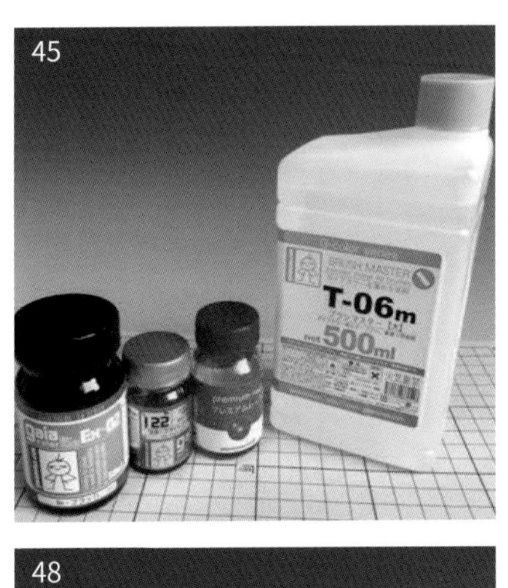

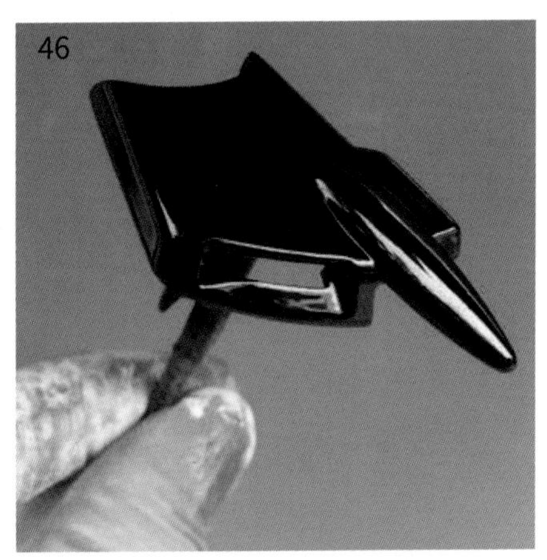

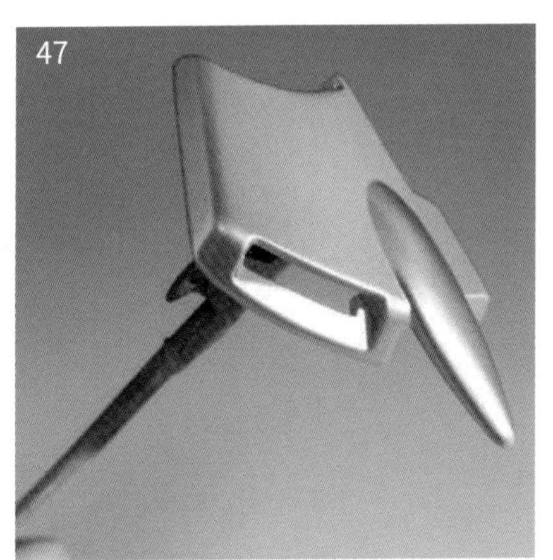

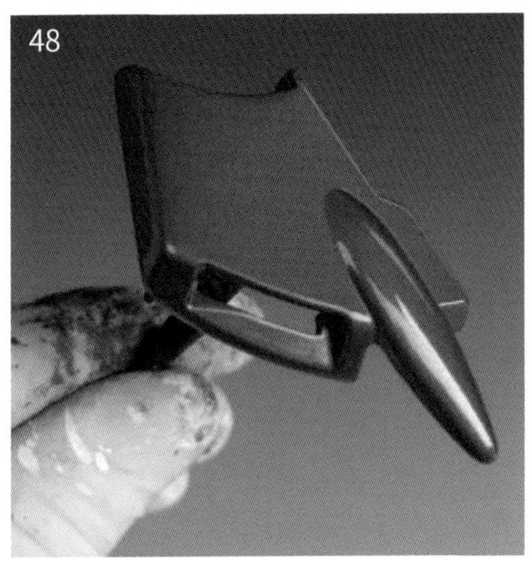

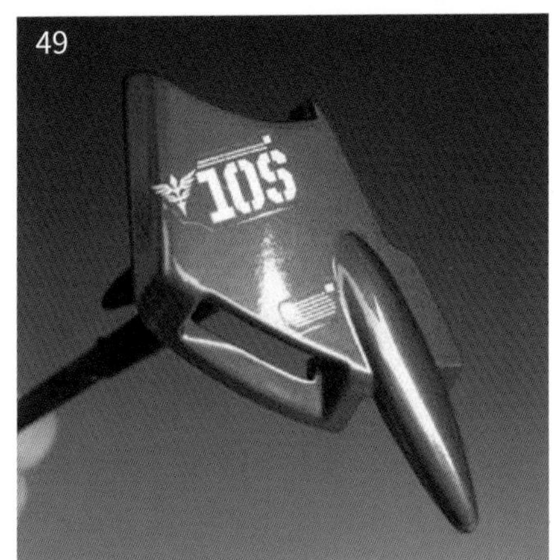

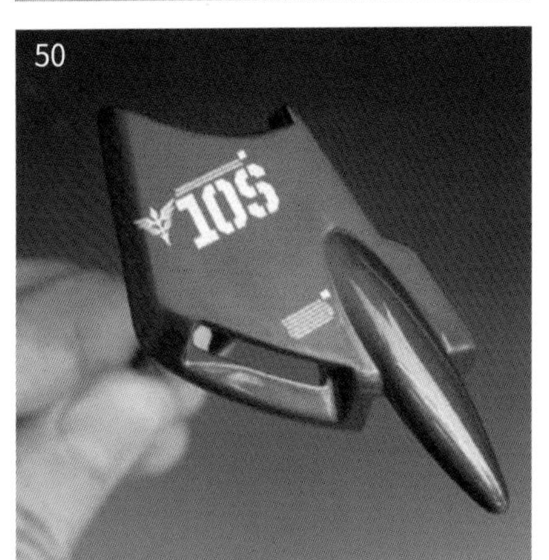

通过研磨，消除了水贴的高低落差，光面的效果看起来非常舒服（如图 51），比起使用氨基光油的油腻光面就显得细腻多了。

既然知道伪电镀效果涂装是通过多层颜色叠加而成的，那么就可以按照基本做法涂装出不同的伪电镀效果色。底层色与二层色不变，通过变换表层的透明色系，就可以满足不同颜色的需求（如图 52）。

电镀色中，电镀金也是其中一种比较热门的颜色，如果直接喷涂金色来代替就显得有点不厚道了，可以尝试在金色或者银色上再覆盖透明黄或者透明橙来获得，也是一个不错的办法（如图 53）。

这里再延伸说一下，在高达 00 系列中，有一种叫“三红”的装甲状态，有种泛红的感觉，底色方面可以选用金属色系或者普通色系，使用宝石红通过颜色的叠加方式喷涂一层能实现那种效果的涂装（如图 54 和图 55）。

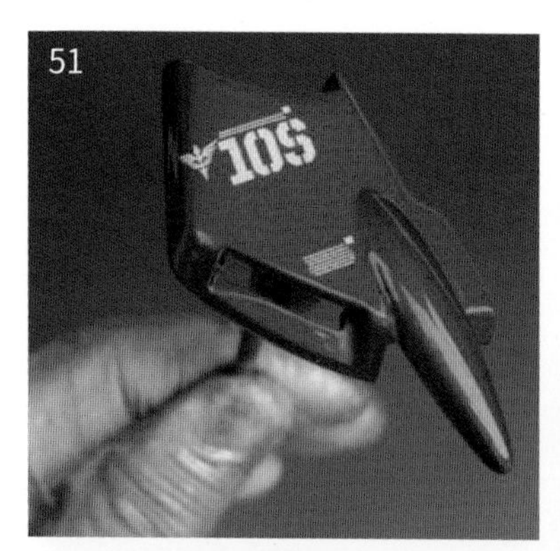

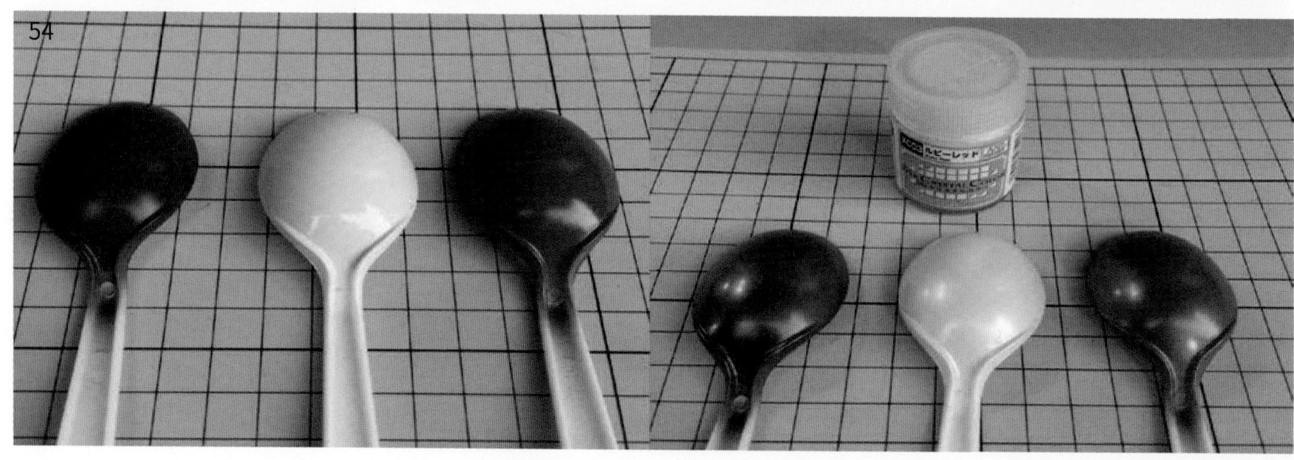

4.5 铸造效果涂装

问：什么叫铸造?

答：铸造是指金属熔炼成符合一定要求的液体后浇进铸型里，经冷却凝固、清整后得到有预定形状、尺寸和性能的铸件的工艺过程。

问：铸造效果是一种什么效果?

答：铸造的种类其实很多，日常生活中也能看到不少铸造的物件，其中最为常见的就是马路上的窑井盖。铸造效果就是要表达铸造工艺带来的金属成形效果。

本节使用MG重炮高达（如图56）作为效果展示，在前面“补土的作用”中也有提过利用补土进行铸造的做法，而这节主要使用笔涂方式进行。这对于没有喷涂条件而又喜欢这种效果的模友无疑是一个福音。

56

体现这种效果最好的是 AV 水性漆（如图 57）。这种漆干透后漆面薄、质感好，唯一不足的就是漆面附着力较低，容易被剐蹭掉，但如果配搭旧化效果进行处理，那就没什么问题了。

（1）准备好一支开叉比较硬的平头笔。

（2）油漆不需要稀释。

（3）使用“戳”的方式给零件上色。

（4）一层一层薄薄地覆盖，但 AV 水性漆干燥需要一定的时间（如图 58~ 图 60）。

57

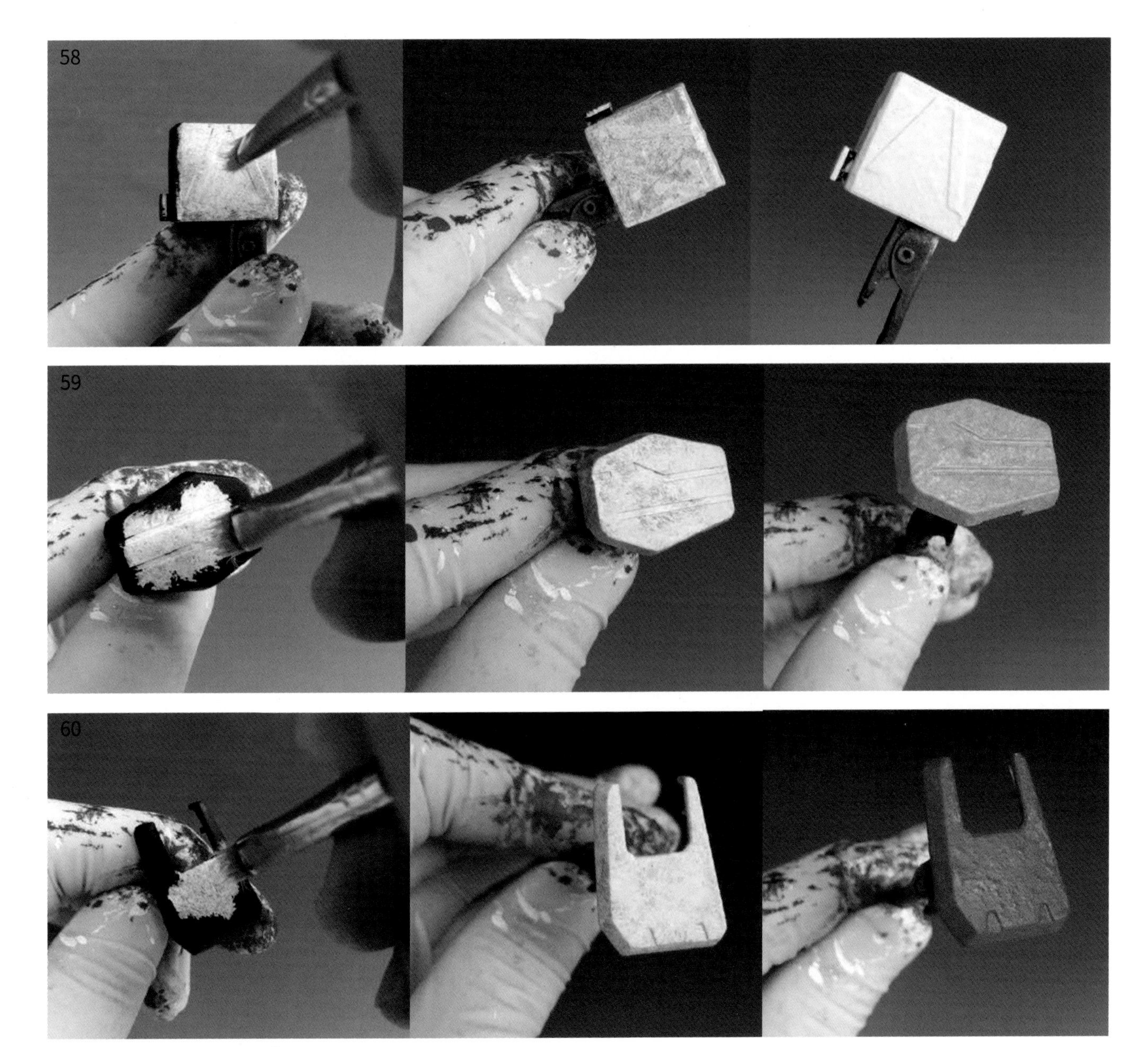
58
59
60

不难发现，使用铸造结合电镀涂装技巧，可延伸出一种碎花的效果。

用消光黑作为底漆（如图 61），选择一支已经全开花并硬化的旧面相笔，使用田宫珐琅漆黑色与银色混合成黑铁色（如图 62），以防漆量过多，涂装零件前，在餐巾纸上吸走多余的笔头油漆（如图 63），还是使用“戳”的方式给零件上色。唯一与铸造效果涂装不同的是并不需要把整个零件都戳满颜色，随意留黑（如图 64），然后使用银色戳在高光位，随意留黑色与黑铁色（如图 65~ 图 66），最后喷涂上一层透明色便大功告成了（如图 67）。

为了增强吸引力，在经过水贴与光油的制作后（如图 68），光油收缩与漆面会不平整，可使用 2000 号水砂纸整体打磨平整（如图 69）再补一层光油，表面处理越平整、越晶莹剔透，碎花效果就越出彩（如图 70~ 图 71）。

ハガキ

4.6 旧化效果处理

问：什么叫旧化效果？

答：所谓旧化效果就是通过涂装技法使模型表现出使用过或战斗过的痕迹。这种做法往往可使模型变得更加丰富、更接近真实。

问：旧化效果应该怎样做？

答：旧化效果的做法多种多样，包含渍洗、垂纹、掉漆、铁锈、泥浆、污渍等，包罗万象。

72

本节继续使用 MG 重炮高达（如图 72）作为效果展示，可以说是接着上一节继续讲解，但做旧化效果前，请确认机体零件已喷上了保护漆。

本节主要讲解旧化技巧中的其中 4 个，可以先从变化效果来认识旧化效果施加完成后的对比（如图 73）。当然，旧化程度可按照个人喜好选择轻重口味。

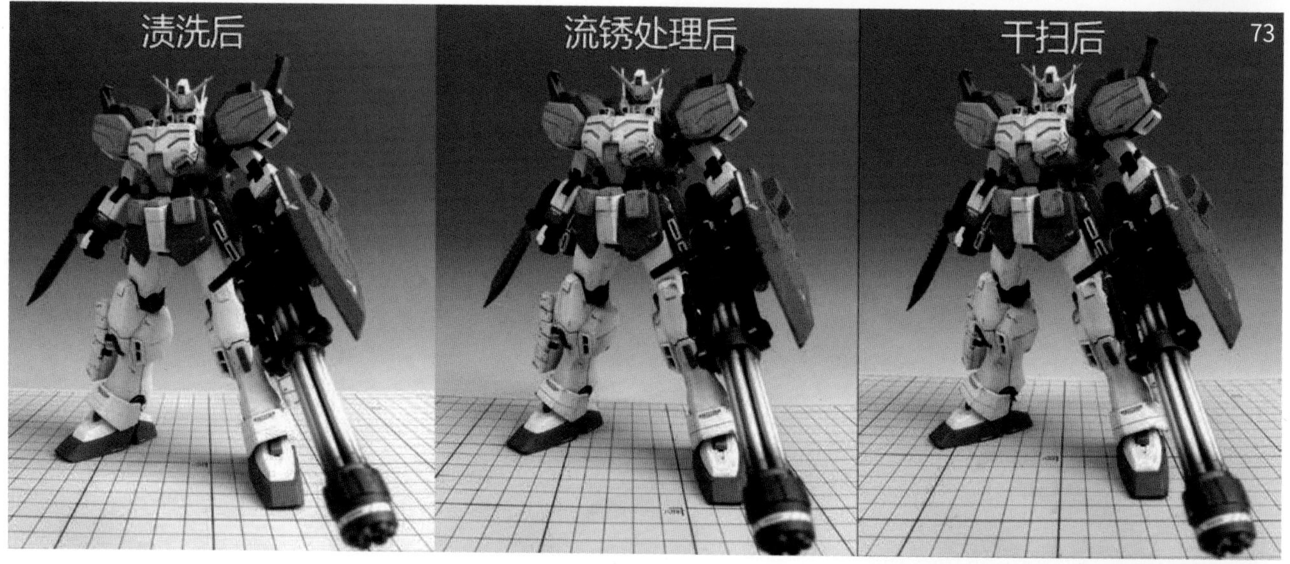

73

4.6.1 渍洗

渍洗是模型制作领域最老也是最重要的技法之一。渍洗就是用来增加整个模型的对比度，带来生动鲜明的效果。在以前，用珐琅漆来做渍洗最为常见，现在已经有更方便、更容易使用的专用渍洗液，只要充分摇匀使用即可（如图 74）。

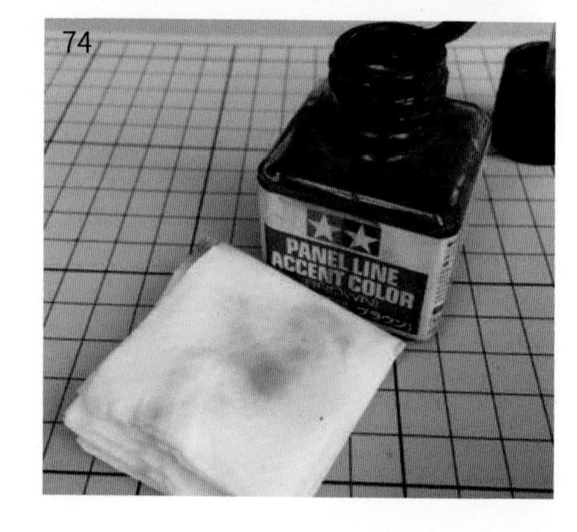

74

使用平头笔涂在零件上（如图 75），以按压的方式慢慢做出效果（如图 76）。还有一种做法是根据重力的方向，直接按一定方向进行擦拭，营造出垂纹效果也是可以的。这一步骤主要带出模型的对比度，降低整体色调，使模型立体生动起来（如图 77 和图 78）。

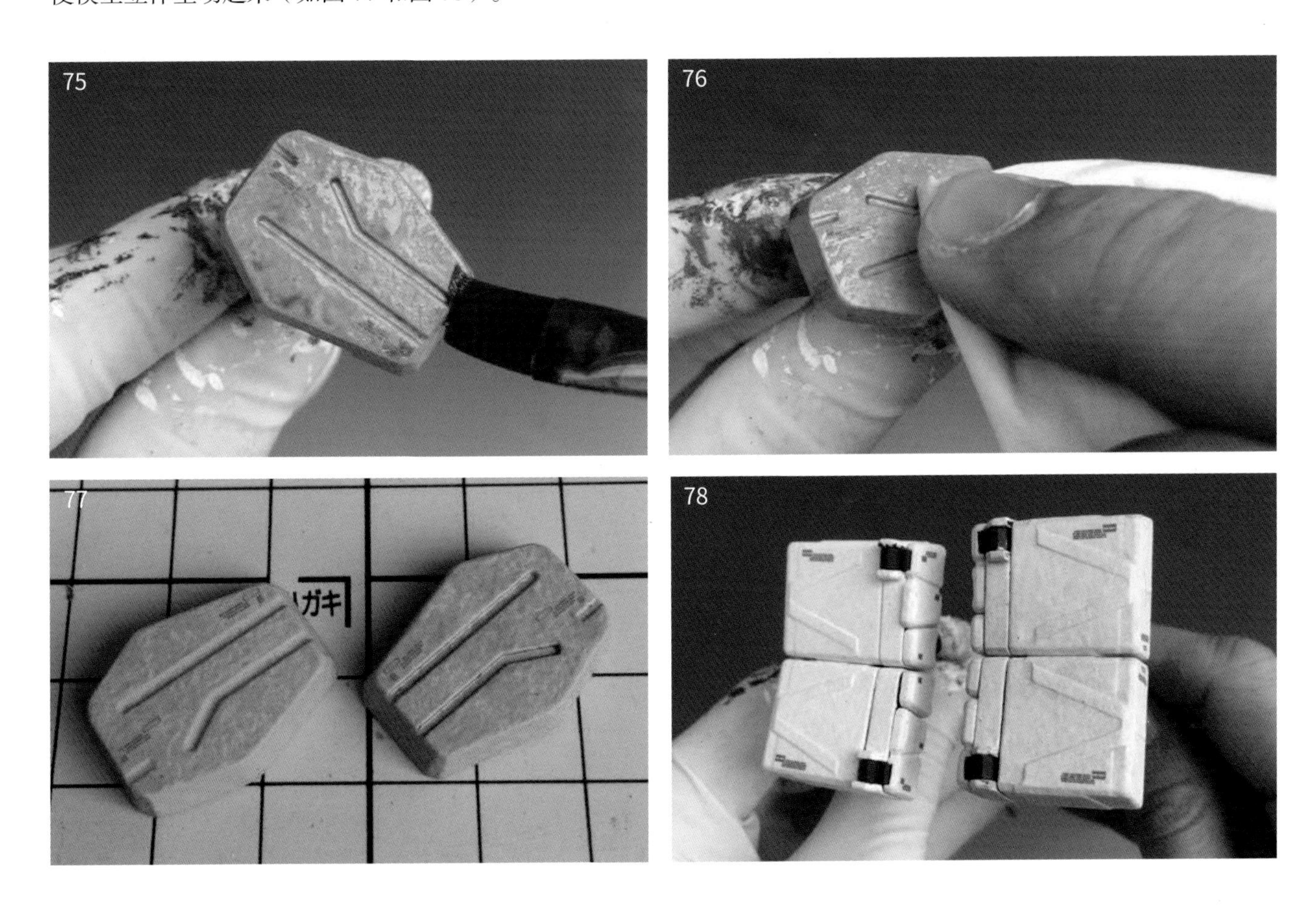

4.6.2　流锈效果

流锈处理属于垂纹效果的一种，一般出现在装甲生锈的地方。利用渗线液与珐琅漆的结合，调整漆的浓度（如图 79），不宜过浓或者过稀，用面相笔点在设计好的位置上（如图 80）。随后等漆干后，使用干净的面相笔蘸取稀释剂，用面纸吸走多余的稀释剂（如图 81），在之前点过漆的位置上从上往下、垂直、轻柔地抹擦（如图 82）。经过第一次处理后，可以发现线条变得柔和并有大致轮廓。这时可以利用尖头棉签稍微进行的修饰（如图 83~ 图 84）。

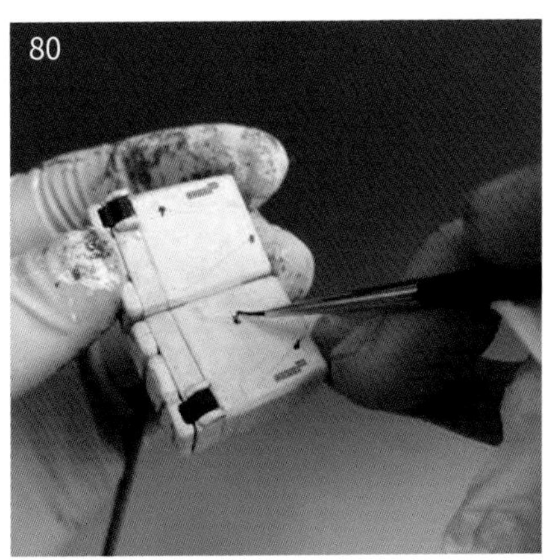

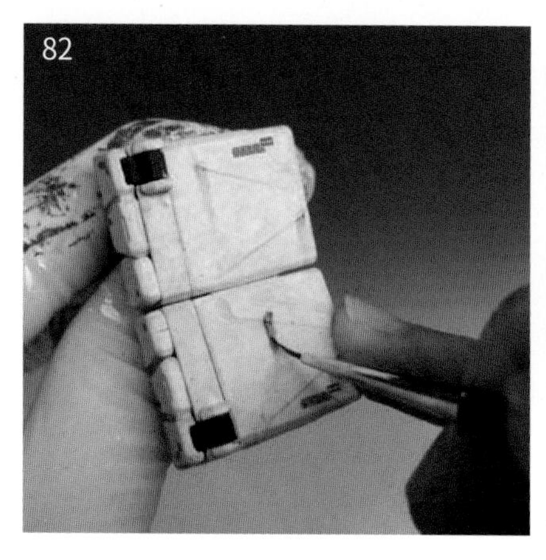

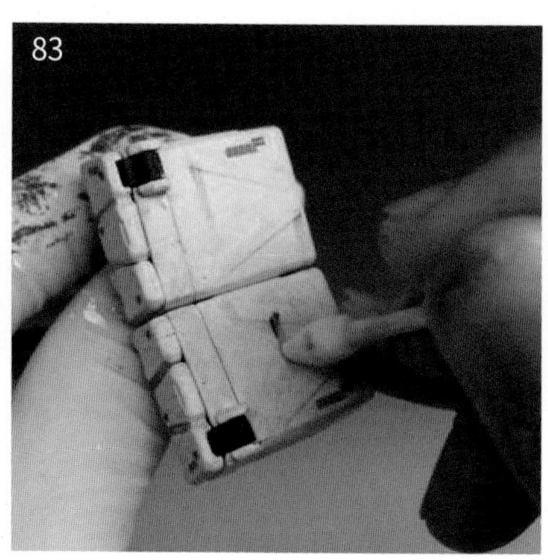

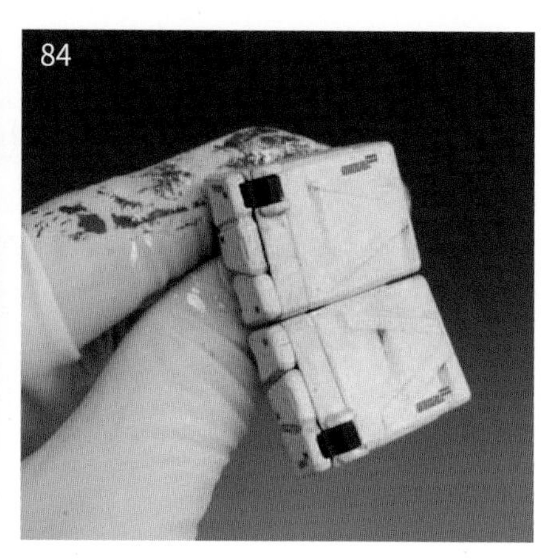

4.6.3 掉漆效果

掉漆变化非常多样，任何形状和大小都会出现，在现实中找到的每一种掉漆都会有其特定的原因，所以在做掉漆的时候大可想象一下机体的活动性与故事性。怎样的活动、怎样的战斗、怎样的碰撞等方面导致掉漆的出现与掉漆位的密集程度。

用珐琅漆调出黑铁色，以表达面漆被磨掉所露出的底层颜色（如图 85），最方便的工具是海绵。每次使用时撕出一小块以防过度浪费（如图 86），海绵蘸取油漆拍打在零件前，记得在面纸上拍走过多的油漆（如图 87）。拍打时要轻轻地、薄薄地操作，只要稍微有漆保留在零件上即可。如果想要掉漆效果严重些，就多拍打几次（如图 88）。

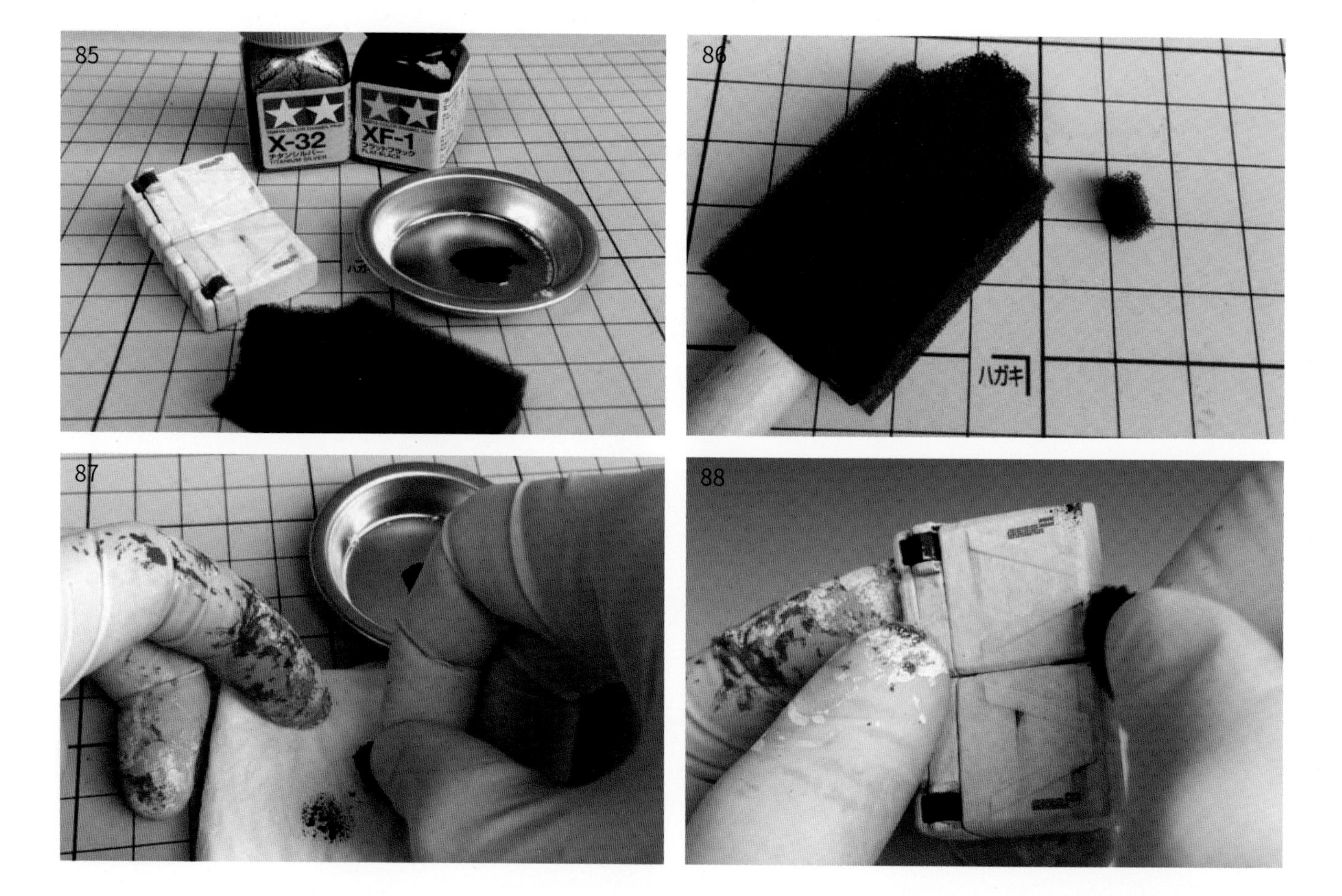

4.6.4　干扫

干扫就是用“干的笔”像扫把一样把颜色“扫”在零件上，其作用在于提升零件线条的亮度，提升模型的立体感。除此之外，也可以用来制造非常自然的旧化污渍。不同的零件颜色搭配不同的颜色进行干扫，为模型增加一些金属感，使用银色进行干扫，效果会来得更直接（如图 89）。选用一支平头笔，将笔毛前端切掉，虽说不同长短的笔头可以做出不同的干扫效果，但短笔头会比较方便。

干扫笔蘸取油漆后，在纸上抹掉过多的油漆，直到笔上的油漆几乎没有后（如图 90）就可以拿来对零件进行干扫了。来回扫过模型表面，零件表面凸起处就会蘸上干燥的模型漆，让细节更加立体（如图 91）。这部分的操作油漆量不能过多。宁愿多扫几遍，也不强求一次完成。

从干扫的做法中可以延伸一种类似古铜效果的做法，使用干扫笔蘸取油漆扫到零件上，油漆颜色可以使用黄色、金色、铜色等相近色系的颜色。与干扫做法的唯一差别就是油漆的量稍微多一点，出来的效果类似旅游区一些被旅客们摸得掉了漆的铜像的感觉（如图 92~ 图 96）。

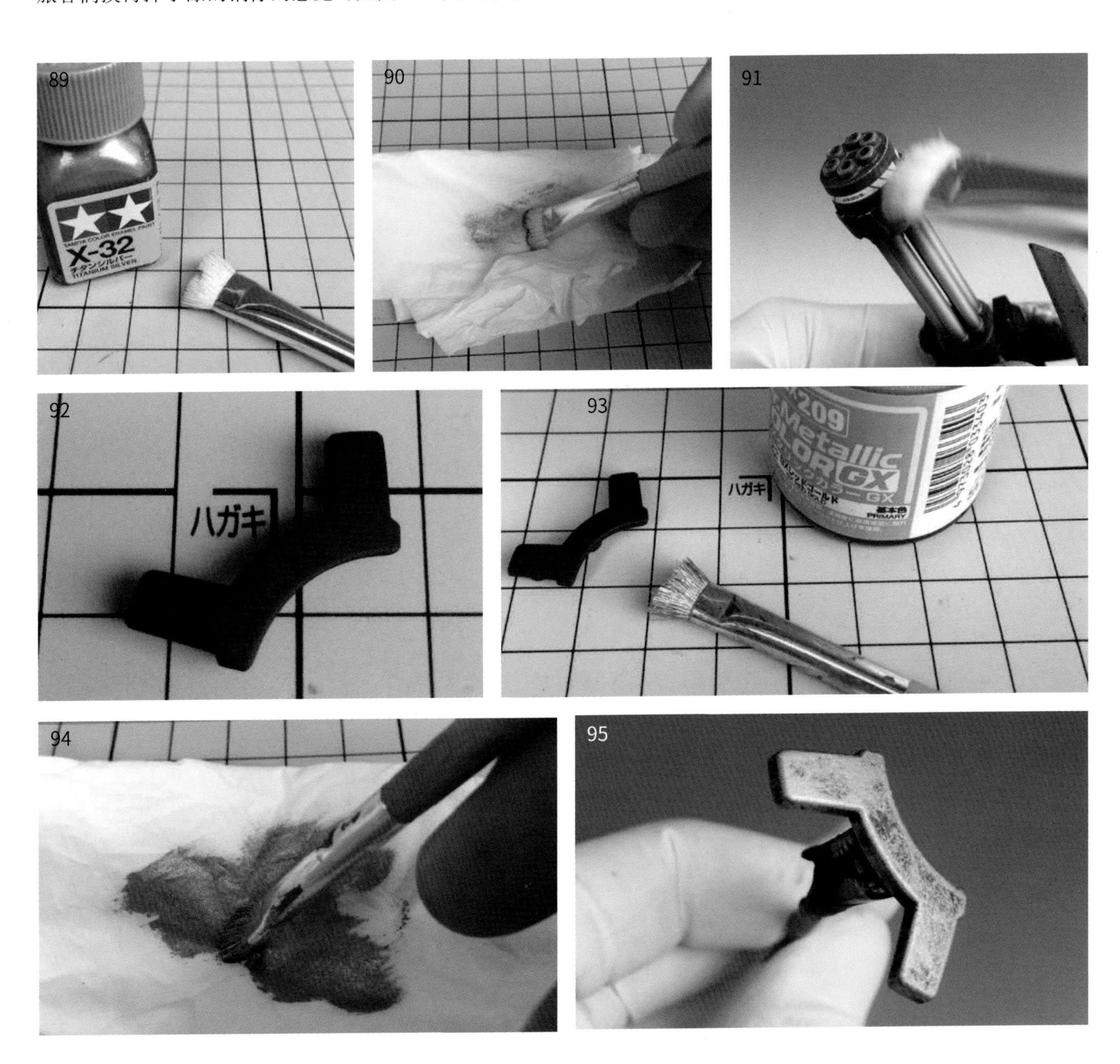

89　90　91　92　93　94　95

ハガキ

第 5 章
范例作品展示

5.1 MG RX78-2 v1.0

5

6

7

8
U.N.T
SPACY
RX-78-2

5.2　MG 海盗 X3

9

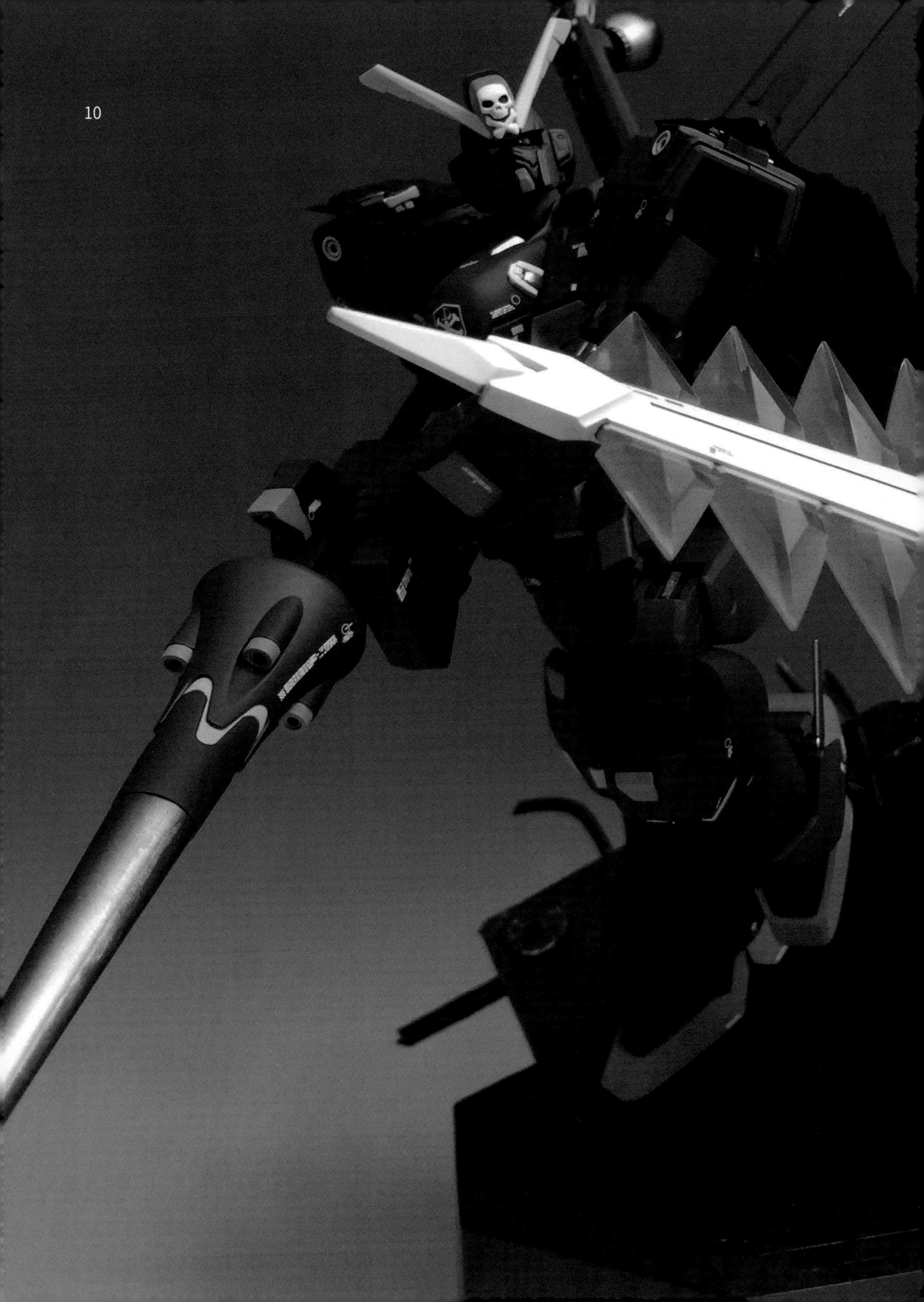

11

12

13

14

15

16

5.3 MG 神龙高达

18
ハガキ

19
ハガキ

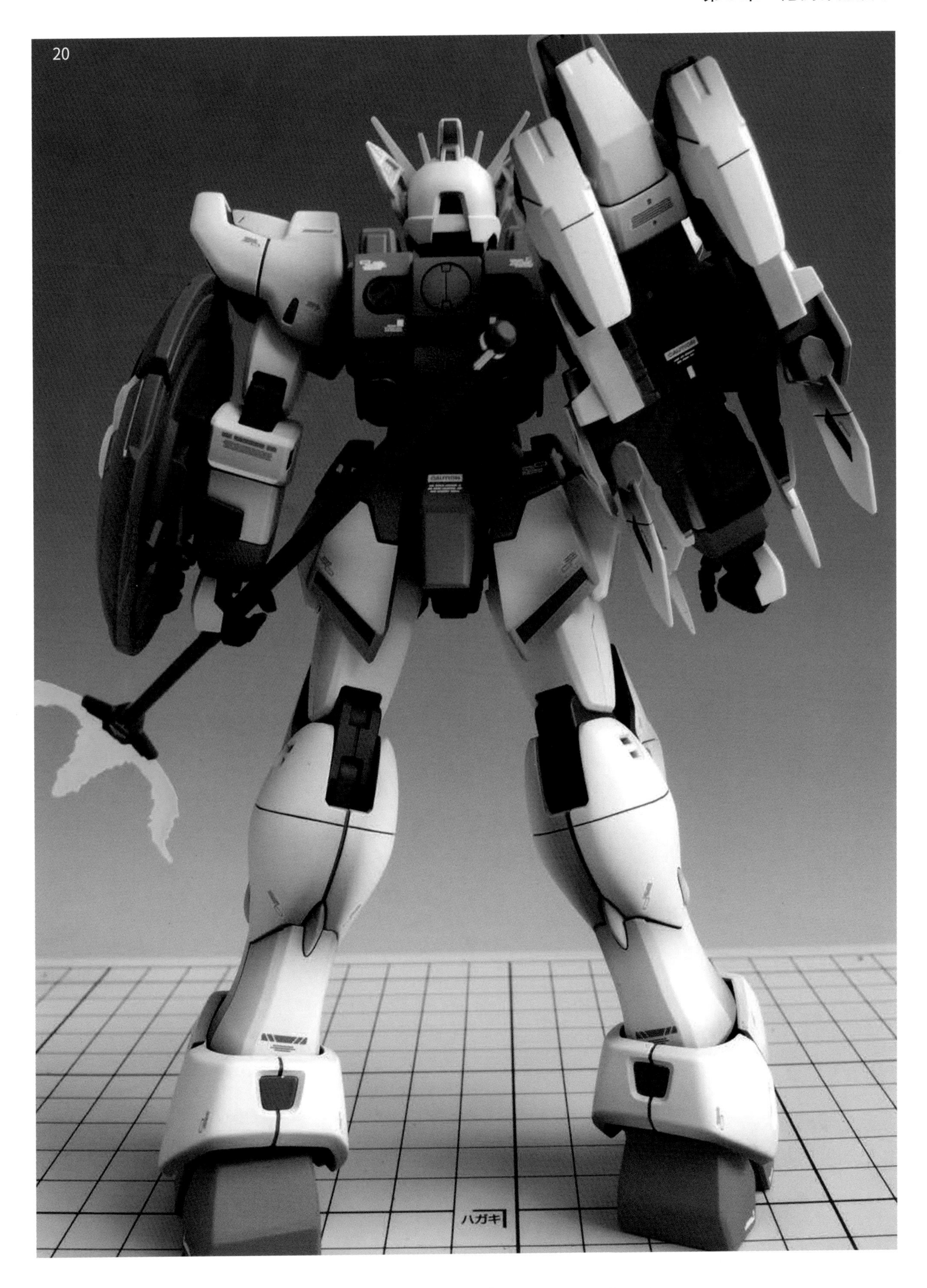
20
ハガキ

21
ハガキ

22
ハガキ

ハガキ

ハガキ

A4
B5

5.4 MG 飞翼高达

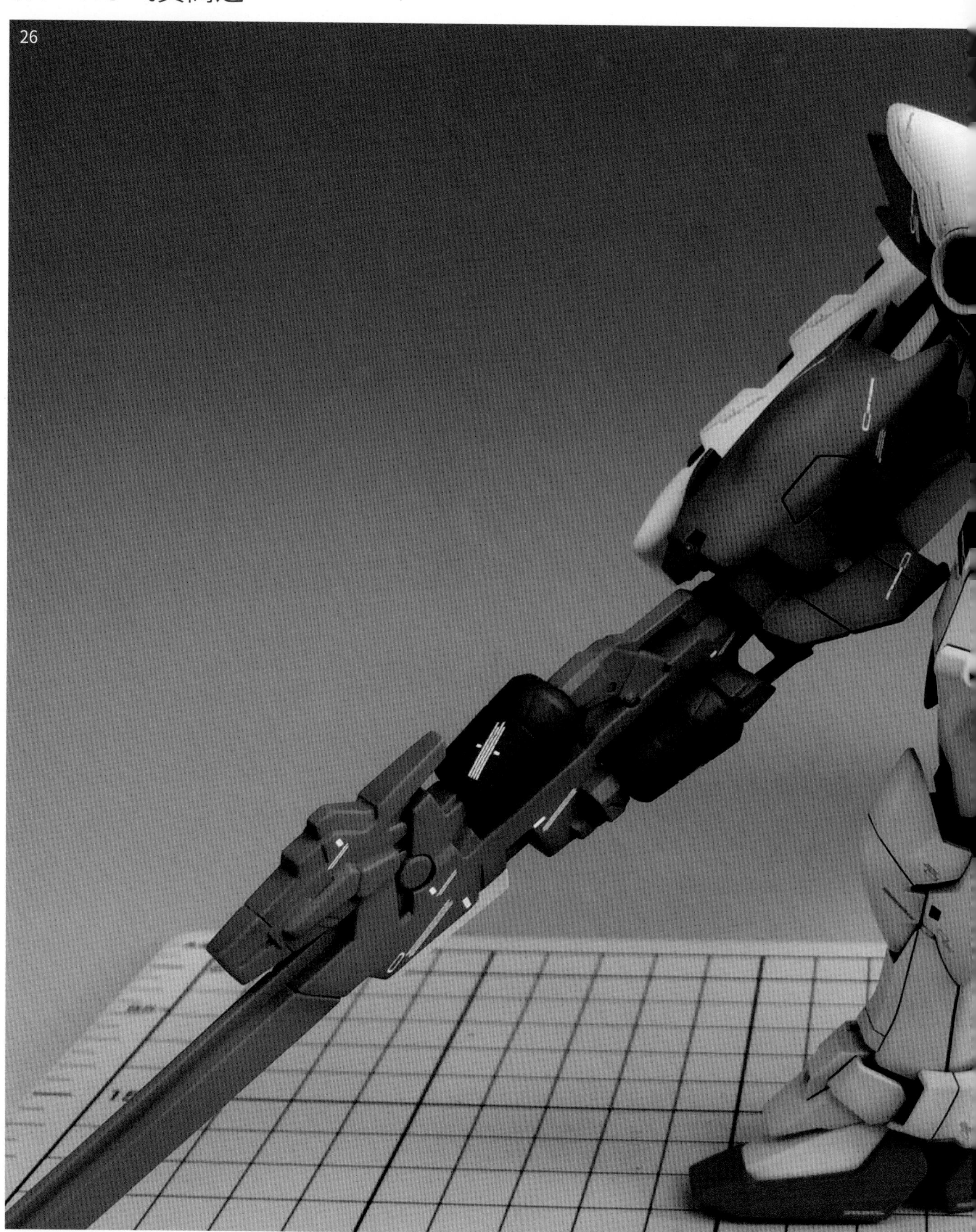

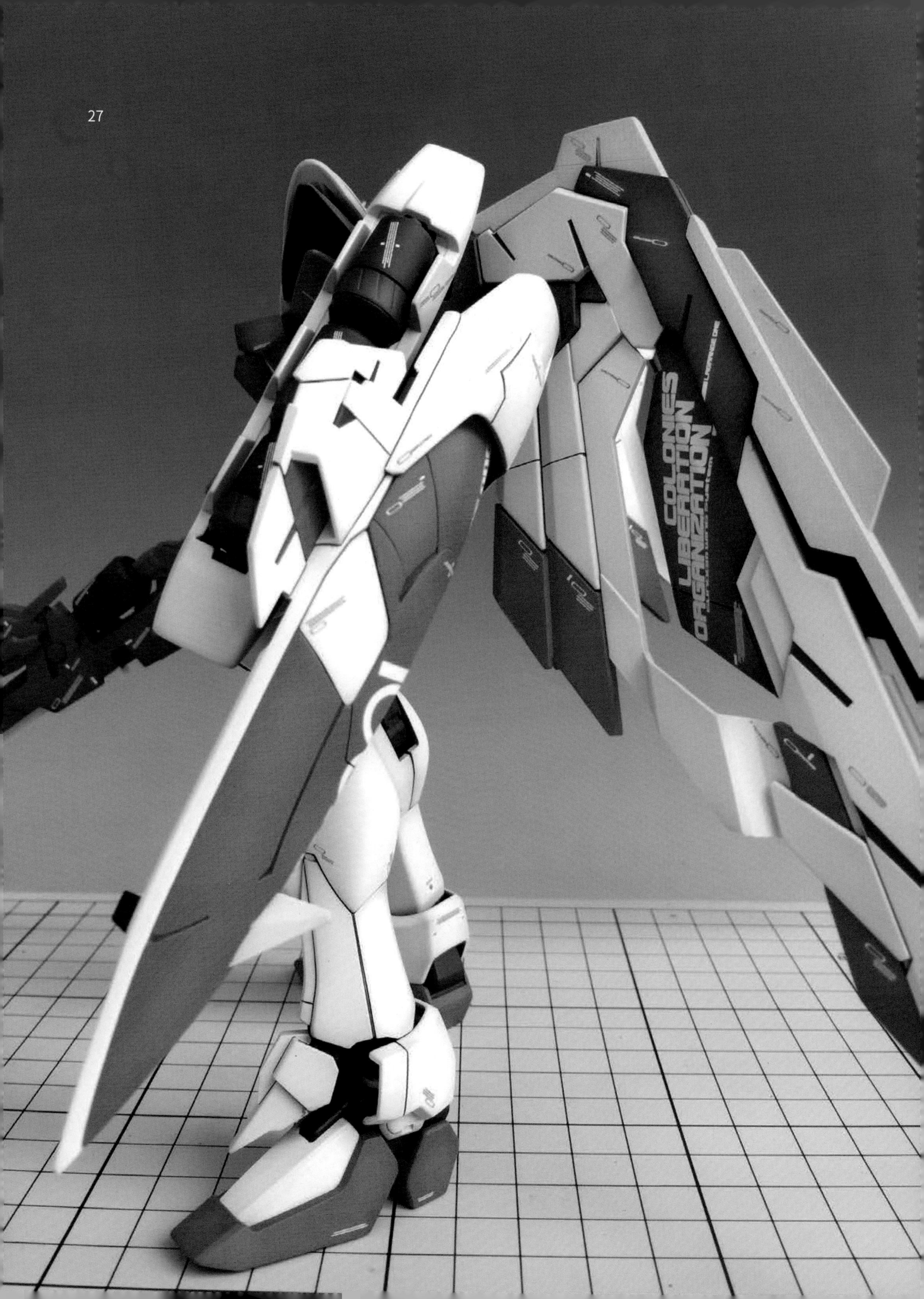
COLONIES
LIBERATION
ORGANIZATION

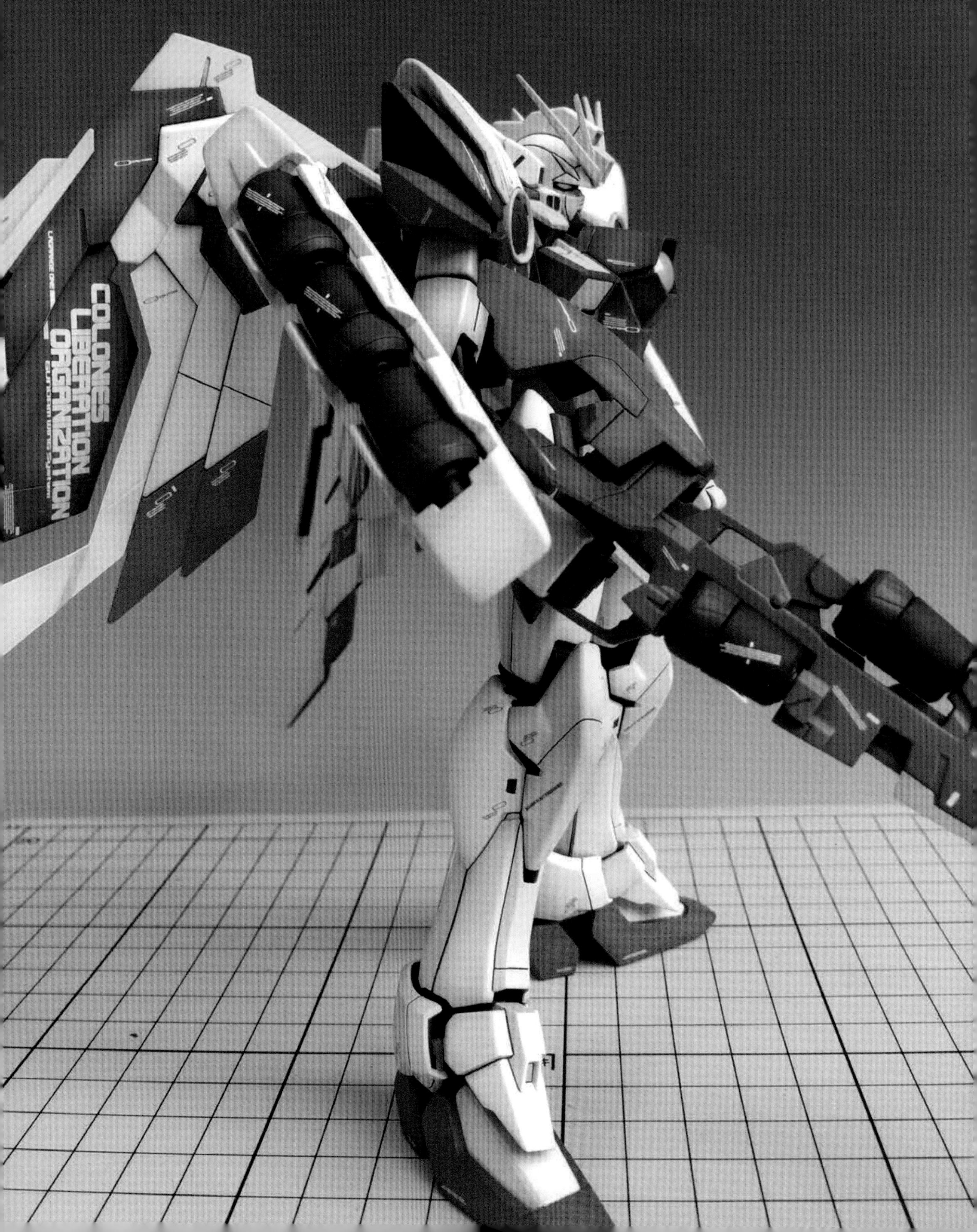
COLONIES
LIBERATION
ORGANIZATION

COLONIES
LIBERATION
ORGANIZATION

ハガキ

COLONIES
LIBERATION
ORGANIZATION
COLONIES
LIBERATION
ORGANIZATION
ハガキ

5.5 MG 重炮高达

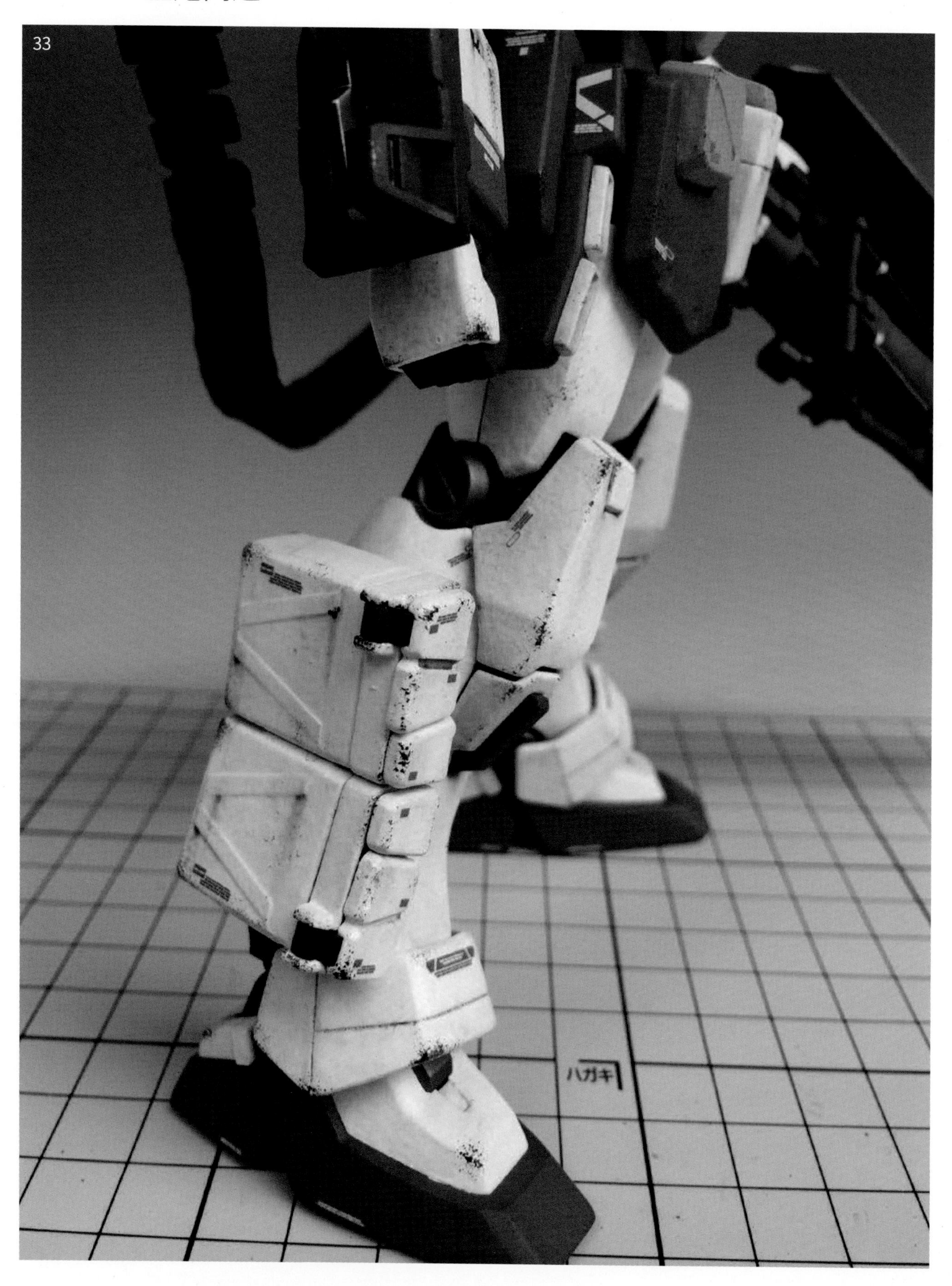

34

35
ハガキ

36
ハガキ

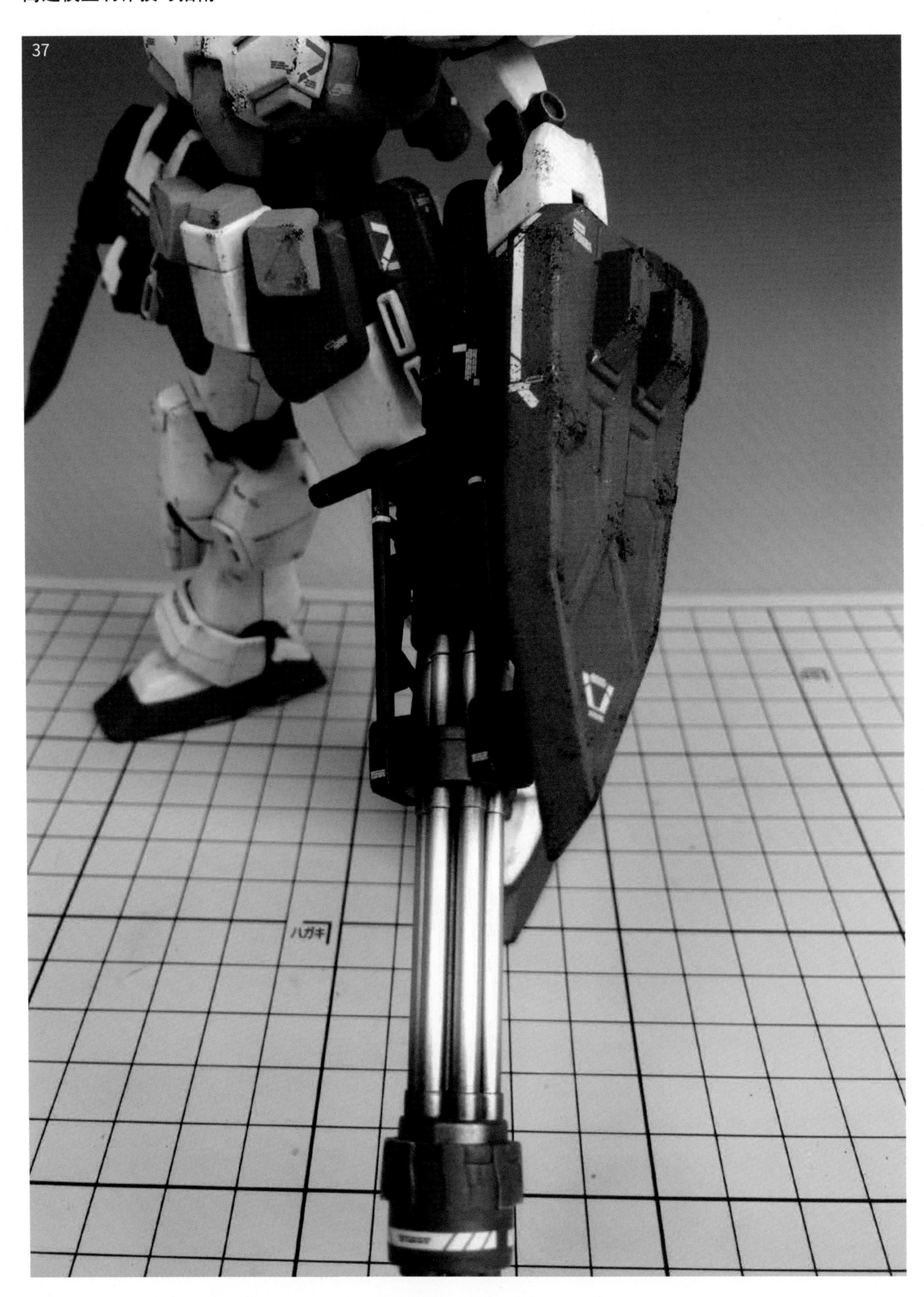
37
ハガキ

38

39

40

41

5.6 MG 新安洲

43

44
105
105

46
105
105
105
10

47
10

48

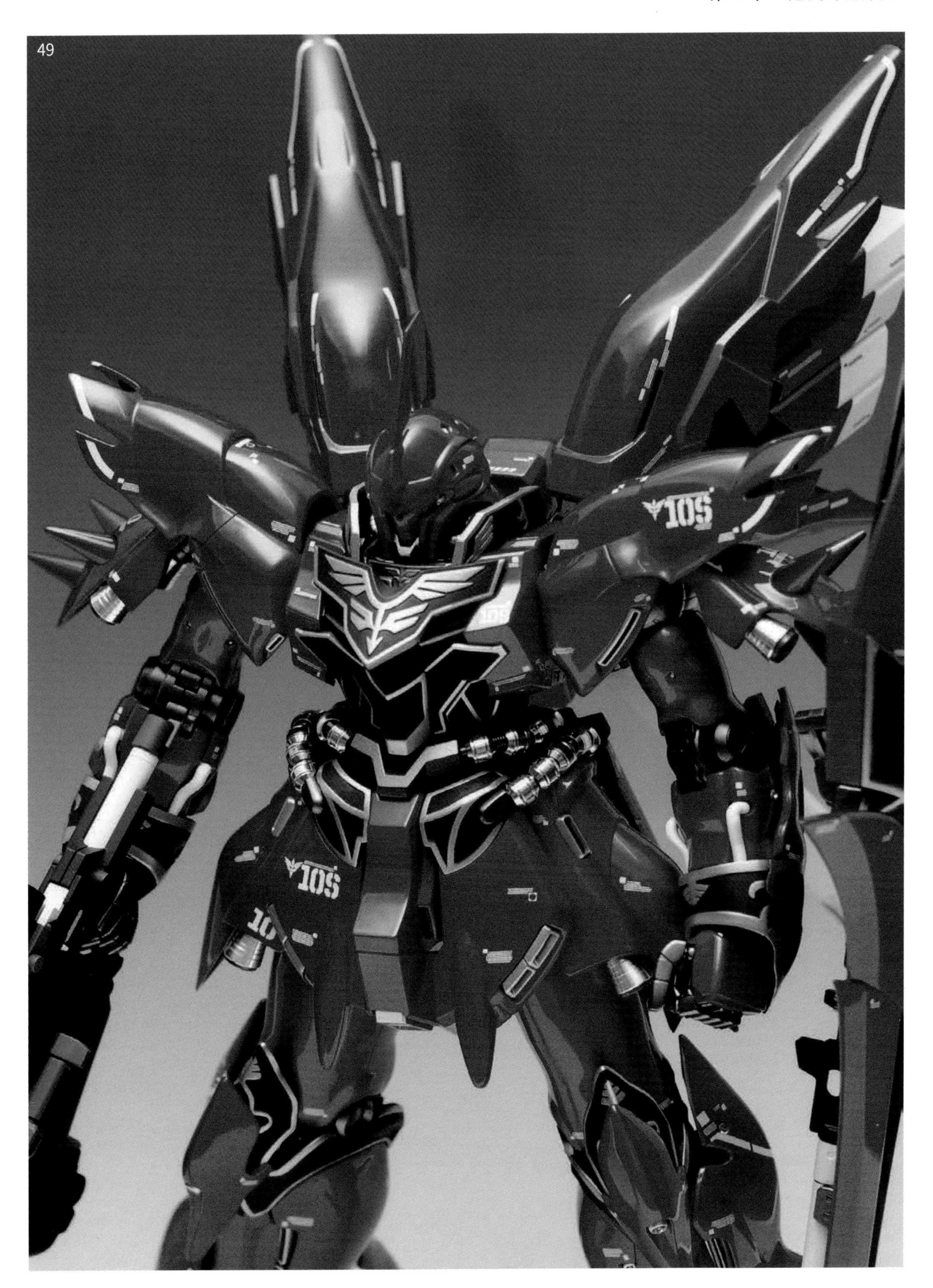

49

10

ANA
ANAXGUNDAM
SKY PROJECT
ANA
ANA
ANAXGUNDAM SKY PROJECT

5.7 2012 GBWC 华南区冠军作品《凝视》

53

RX-78-2

55
WB102
RX-78-2

56

5.8 2015 网络组冠军作品《爆》

58

59

60
SCV-70 WHITE BASE

61

62

63

64
EFGF

65

66
SCV-70 WHITE BASE

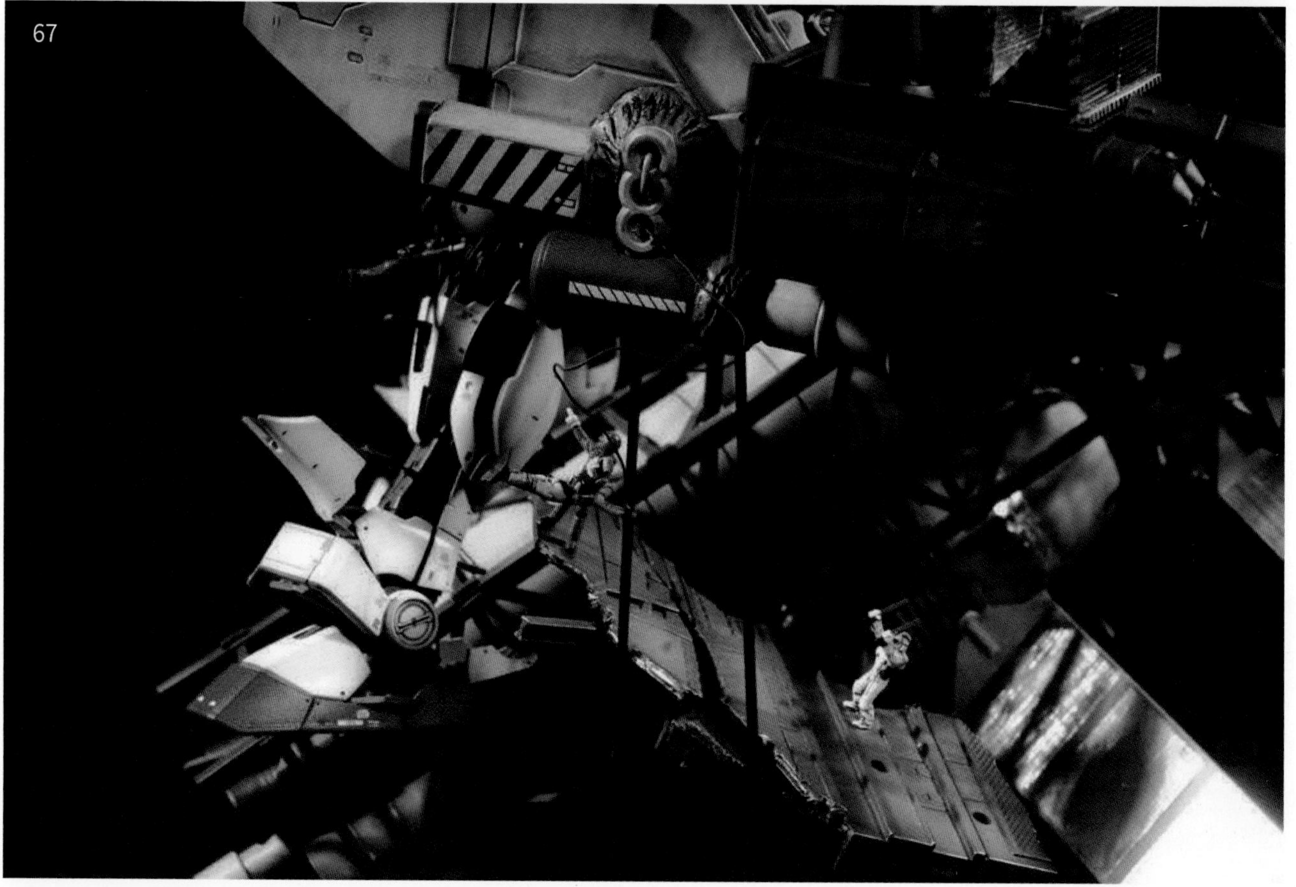
67

5.9　2017 GBWC 西南区冠军作品《This is a story about Gunpla》

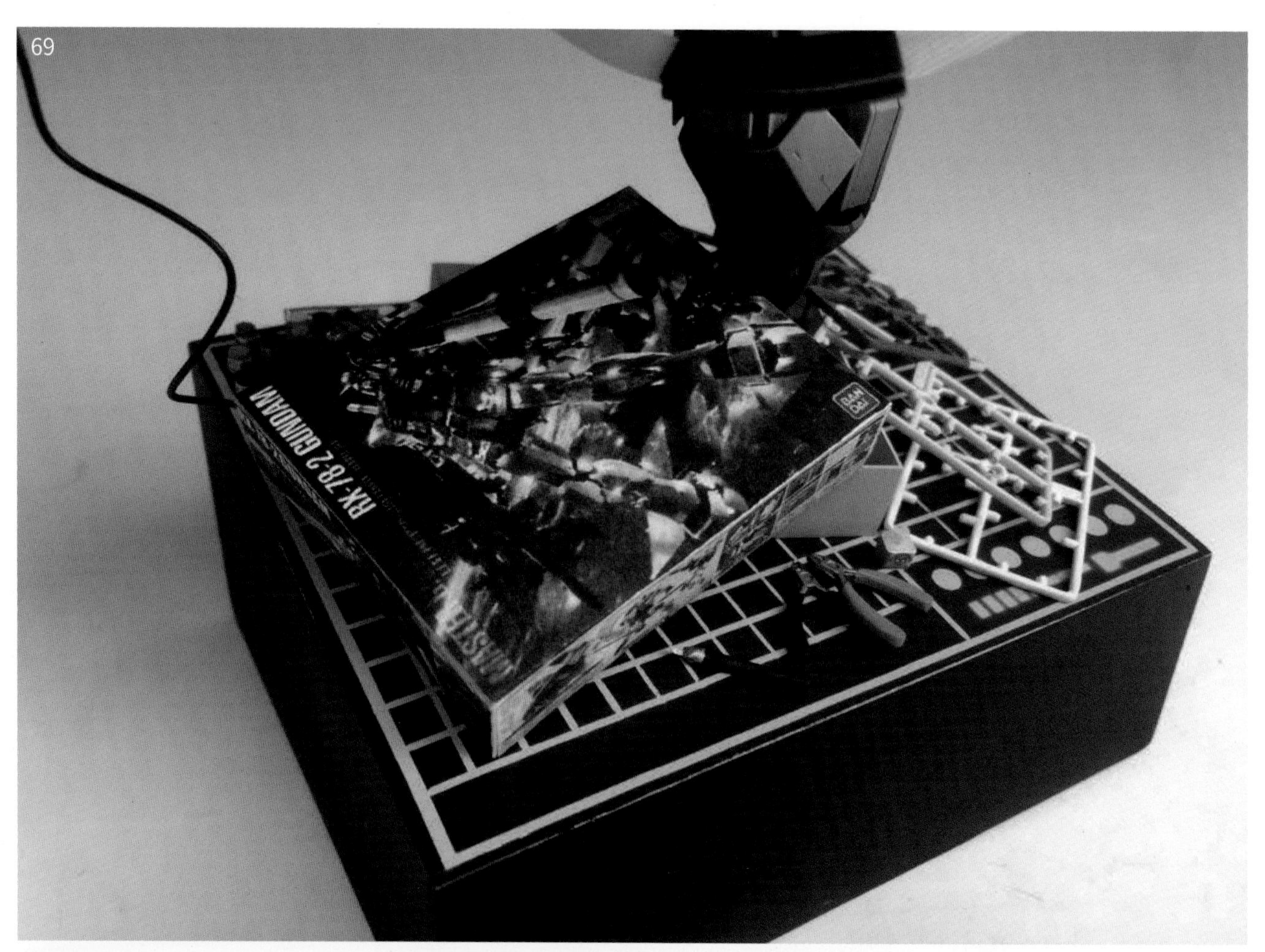
69
RX-78-2 GUNDAM

70

72

74

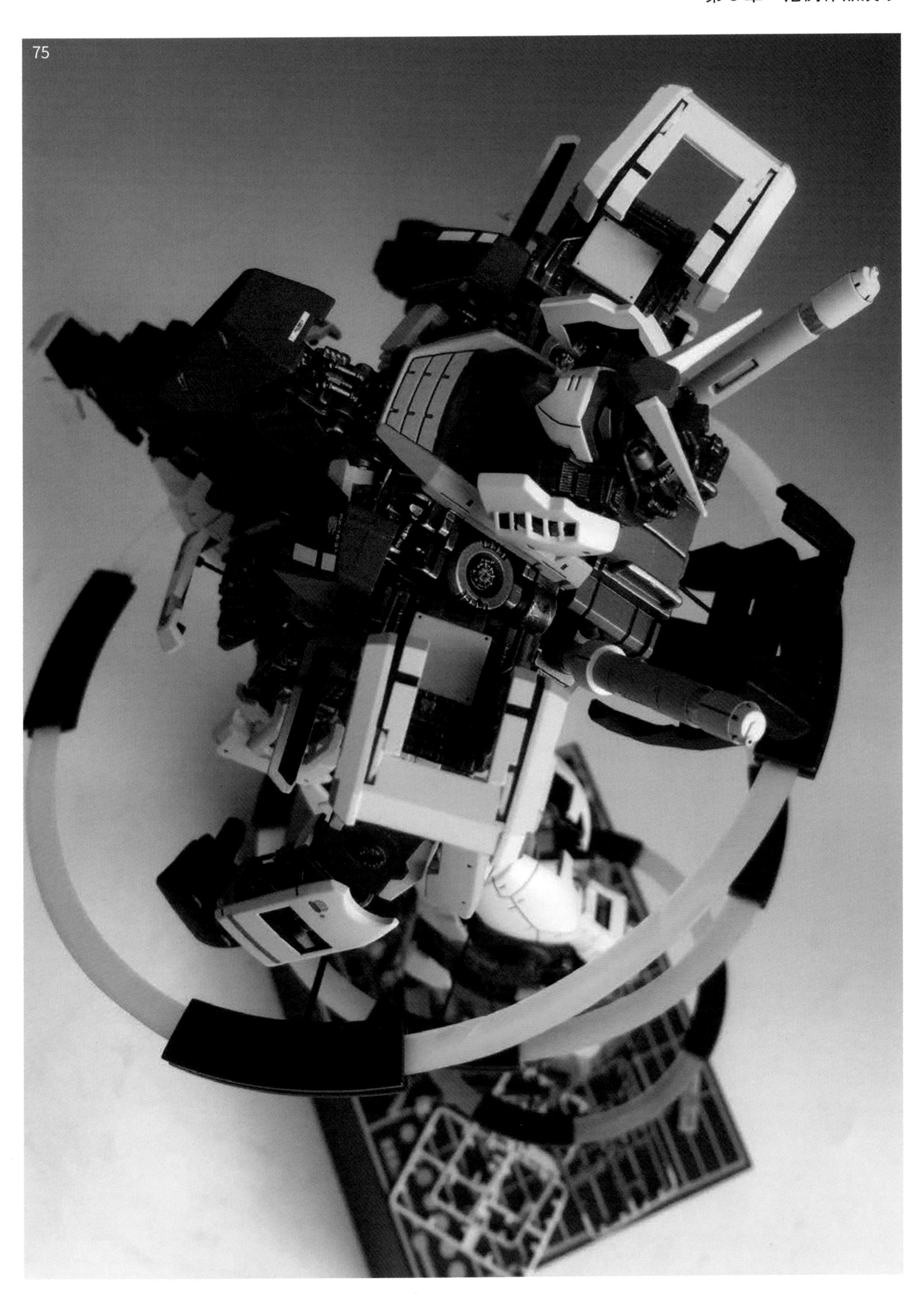
75

76